CONTENTS ——————— 目錄

自序

——

心向往之悠然生活

從早年一手包辦全案設計，到近 1 ～ 20 年慢慢退居幕後，即使現今是由設計團隊經手設計，我仍特別重視兩件事，第一件事就是平面配置圖，第二件事就是 3D 效果圖，這是每個案子我務必親自參與審核。那為什麼平面圖那麼重要？我常說，一個好的平面圖決定設計案的最終成敗，雖然平面配置圖只佔所有圖面的百分之一，但重要性卻高達到 60 ～ 70％，甚至 80％也不為過，繪製平面圖時應該要將生活的想像轉化成設計思維並融入其中，因此平面圖可以說是所有空間概念的總和。

人行走在空間的動線關乎居住的舒適度，而平面配置與動線的流暢度密不可分，繪製平面圖時必須縝密思考所有的居住者與

空間的關係，以及生活上的便利性，讓屋主在最輕鬆的狀態之下享受生活的樂趣。除了從功能性去思考圖面之外，還要從平面圖去營造氛圍，設計師要以自己的專業經驗引導屋主對美好生活的想像，並且從屋主的生活習慣細膩思考設計，讓人進入空間後，有渴望回家的溫馨氣氛，以及創造賓客來訪時的迎賓氣勢，在構思平面圖務必把這些生活情境揉合在裡面，構成一個屬於屋主故事的生活場域。

繪製平面圖時要在理性線條理帶入感性層次，絕不只是畫一個方格，一個圓圈那麼簡單，對豪宅來說還要從中創造大尺度空間的氣勢。氣勢不外乎是一種張力、一種經驗的展現，也就是說創造空間與眾不同的個性，無論是運用設計手法壓縮然後放大空間，或者利用顏色燈光來展現空間的特質，不一定採用傳統的設計方法才能展現氣勢，重點是要懂得弱化空間缺點，並體現原有空間的優勢和條件，在屋主和設計師彼此互信互重的基礎下，討論嘗試空間的各種可能性。

CHAPTER
1

心豪宅的條件

♦

心豪宅之
必要條件

放眼全球之所以能稱之為豪宅的房子，必定有其具備的基本條件，才能滿足高端消費族群與眾不同的居住需求。而這群人能有如此傲人的成就，背後也有必然的理由，他們在商場、生活、人際方面的閱歷無比豐富，對於居住的條件自然有不同的見地。隨著時空背景的換移，現今高端族群選擇住宅的觀點也有所不同，相較之下，現今豪宅屋主走向低奢，不像早期較追求富麗堂皇的外顯表現，但低奢不代表花費較少，或質感較低，反而更為著重空間氛圍與細節精緻的呈現，同時，因著迅速發展的科技，便利性大幅高的交通，高端族群對於設計、地段等條件也有所改變，因此這裡將從客觀的外在條件切入，從環境地段、設計規劃、物業管理以及人因這幾個面向來談構成豪宅的必要條件。

1　綠意環境　精華地段匯聚高端人氣 ————————————————

親近自然是人的本能，身處在充滿綠色植物的環境讓人放鬆身心，因此一間能擁抱廣闊綠意窗景的豪宅，對於日理萬機的高端族群來說無疑是選擇住宅的基本條件之一，而從豪宅的角度去看住宅環境，除了絕佳景觀之外還要有相當便利的交通，地段要位在移動效率高的路線上，因為時間對他們來說如同金錢一樣重要，不僅如此，所處地段必須有鬧中取靜的悠閒，這樣同時能夠保有高端族群最在意的隱私性和安全性。因此，豪宅的黃金地段大多集中在市區內大型綠帶周圍，而這樣的位置容易群聚名人，進而匯集堪輿學上所謂的人氣，帶有人氣的地方自然而然形成一個居住的好風水。

2　名家作品　保障品質表徵身分地位 ————————————————

地段環境再好，當建築、室內及景觀等硬件設計沒有處理好一切也等於零，選擇豪宅要將設計眼光放遠，不追求所謂風格化或者流行性，當房子經過時間的洗禮依然能感動人心，那就是一個保值的好設計。或許

有人會問，是否名家設計的房子是豪宅的必要條件？雖然設計美感和個人偏好有關，就像有些人喜歡用名牌去突顯個人的格調和品味，名牌之所以成能為名牌勢必有與眾不同的地方，操作名牌的設計師對於物件的思考層面比一般人更為寬廣，考慮的細節更為深入嚴謹，這和室內、建築設計有相同的概念，名家設計的房子是展現設計師的態度和所堅持的品質細節，即使用多年仍然經久耐看，對高端族群來說選擇名家設計的房子，不只是彰顯自己的身份地位，更是認同背後的理念價值，相對來說也是品質的保障。

3　　客製管理　軟硬體搭配滿足高規格需求

物業管理的品質是評估豪宅未來價值成長性不可或缺的條件，因此維持一定的物業管理水平，才能保有其長遠的增值性，如果沒有完備的物業服務，3 年甚至 5 年之後房子就會失去原有的風采，那就喪失居住豪宅的意義。豪宅大多提供周全而完善的公共設施供住戶使用，物業管理公司要能配合硬體設施提供良好的自主管理服務，滿足高端族群餐飲、宴客、會議等特殊需求，讓所招待的客人賓至如歸，也讓主人備感安心體面。現今物業管理隨著高端住宅不斷精進服務內容，提供無微不至的客製化服務，但正因為物業管理

服務趨於極致化，很容易將管理人員當成私人家管深入居家，在這裡要提醒，要讓管理服務公私分明，才能得到更有品質的公共管理服務，同時保有個人及居家隱私。

4　　以人為本 營造和睦空間讓居有所值 ————————————————————

「人」是構成心豪宅的重要條件，無論房子多昂貴或多稀有，都需要人去賦予它價值，人和硬件之間相互結合互動才能產生家的溫度，這樣才是心豪宅的意義。住宅的人包括鄰居及共同居住者，而和家人之間的和睦是可以透過設計去提升的，每個人都有不同的個性和喜好，有人以家庭為主，喜歡小孩融入在生活之中，營造溫馨熱鬧的家庭氛圍。有人覺得每個人都有自我的時間規劃，不希望親子間干擾彼此作息，就需要創造個獨立的空間，哪一種空間才是最好的？並沒有絕對，重點是，一間豪宅要透過設計思維創造出可以根據工作、家人及當時情緒需求去靈活使用的空間，才能達到人與人和睦關係的期待。

心豪宅之
必需條件

常有人問我「豪宅」和「好宅」有什麼不同？我認為「豪宅」一定要有尺度，要有細節，是用大家心目中的表象去定義；而「好宅」它不見得要有尺度或者標準化的細節，而要從居住者的角度出發去設計、設想，進而由「人」去養成它的生命力，當人住進空間能感覺安全舒適與心靈契合，這就達到好宅的基本條件。而所謂「舒適」包括空間比例、光線引導、行走動線，除此之外我認為，和家人的關係、互動性、趣味性同樣非常重要。兩者條件同時具備就是所謂的心豪宅，因此這部分除了說明光線、動線、比例之外，也談談如何在空間加入關係性、互動性及趣味性。

1　光之居所 引光造影映照空間畫布 ————————————

絕大多數人都希望居住空間能有舒服的陽光灑進來，明亮的空間帶來活力和朝氣的氛圍，無論是規劃建築或者室內設計，設計師也希望利用光打造空間，運用設計手法讓透進來的日光創造空間應有的明暗層次，同時體現空間質感。從日照和建築座向的關係來看，早期設計較喜歡座南朝北向的房子，不失為道理，在北半球的地域，朝南的房子可以保持充足的光線，加上運用遮光或半遮光的硬體或軟件來輔助設計，空間不只有光照還多了線條，展現空間多樣的表情與氛圍。

2　尺度拿捏 聚合家庭情感促進交流 ————————————

空間尺度可以感受到主人的個性和為人風範，有些高端族群交際圈廣，平時喜歡在家接待朋友，因此偏好寬敞大器的客廳；或者喜歡多花時間和家人共處相聚，起居室的尺度也會較寬闊舒適；而有些高端族群注重個人生活，臥房規劃的尺度就會比較大，公共空間則適度就好。但依長久的經驗來看，這樣的設計可能

會衍生一些狀況，因為豪宅臥房規劃過於完善，不但有書房、工作室、衛浴，還配備電視音響等，應有盡有的設備讓小孩只喜歡躲在房間，減少了與家人之間的互動性。豪宅尺度的配置可以提升個人的心靈層次與家人之間的情感凝聚性，因此一名好的設計師要透過設計去引導屋主生活，給予適當的空間建議，創造更融洽的家庭關係。

3　　間歇動線　動靜間感受尊榮空間儀式感

空間動線的演繹是攸關居住舒適度的關鍵，動線的流動與停頓之間能引領人的腳步、氣息與感受空間尺度和氛圍，一般來說空間動線依照居住的型態規劃，但從空間尺度足夠的豪宅來說，避免敞開大門就直接看到主要空間，影響到家人的隱私和互動，創造間歇性的動線讓人在空間行走時感覺有漸進式的層次，也帶給人大器尊榮的儀式感。大尺度的空間要利用動線設計去引導空間的使用者，讓空間與空間之間，能創造出神祕感、儀式感、層次感等不同的氛圍情境，進而達到使用者與空間之的聯結。

4　居之樂趣　打破空間框架賦予生活想像 ————————————

創造豪宅空間的樂趣性是很重要的，空間不能只是硬邦邦去切割成形，要能夠讓空間多一點穿透的想像，跳脫原本空間既定的機能框架，讓書房不只是書房，廚房不只是廚房，這樣在生活上才能產生更多的樂趣；面對大尺度的豪宅空間不能全然將每個區域都放大，這樣反而無法展現空間氣勢，這要利用反差的設計手法，「有捨有得」更能創造不同的空間視野，犧牲一點空間將部分天花高度壓低或者是縮減廊道，創造進入另一個空間的想像，通過一個較小的空間自然而然產生放大另一個空間的效果，同時更能體現空間優勢，居住者也在這樣的尺度轉換的過程中產生趣味，創造悠遊空間樂趣的更多可能性。

5　生命力　習性喜好養成空間態度 ————————————

當一間豪宅完成後進一步就要賦予它的生命力，而生命力需要透過人去養成才會滋養出來，而養成可以是實質的物件，像是經由旅行帶回來的蒐藏、心儀藝術家的作品、成長中的記錄，透過居住者的習性喜好，在空間投入對自己有意義的東西，或者也可以透過家人、親友與空間的互動創造回憶，在每一次交流中慢慢累積，空間生命力就是經常使用，注入情感甚至去改變，打造出獨一無二的心豪宅。

CHAPTER

2

平配決定生活方式

張清平
CP CHANG

結合西方深厚的空間素養及中國文化底蘊的古典元素形成東方當代設計，以追求極致質感與細節的設計手法，及以人為本的核心價值，創造獨特的心奢華—Montage（蒙太奇）美學風格，忠實反應空間與使用者的內涵，將人與空間的價值形於外，賦予不一樣的體驗與感動，為華人豪宅設計開創新（心）視野。

不只為台灣首次榮獲德國紅點設計大獎，最高獎項「紅點金獎（best of the best）榮耀的設計師，也是台灣唯一連續 11 次入選為「英國，安德馬丁室內設計年度大獎」華人 50 強、全球 100 大頂尖設計師。身為華人設計工作者，不遺餘力地向世界講述著東方的故事，並堅持將本土化特色融入設計中，實現古代智能現代化，西方設計中國化，達到中西合璧國際化的目標。

經歷　天坊室內計劃創始人 & 總設計師
　　　台灣室內設計專技協會 第九任理事長
　　　中國陳設藝術專業委員會（中國陳設委） 副主任委員
　　　台灣逢甲大學建築學院 副教授
　　　中國美術學院藝術設計研究院 客座教授
　　　深圳市創想公益基金會 理事
　　　樂樂書屋創辦人

著作　奢華 Luxury
　　　龍的 DNA　The Dragon's DNA
　　　清平調 C.P. Style

得獎　英國安德馬丁國際室內設計大獎
　　　英國 SBID 國際設計大獎
　　　德國紅點設計大獎 Best of the Best
　　　德國 iF 設計大獎
　　　美國 IDEA 工業設計大獎
　　　美國 Interior Design"Hall of Fame"名人堂
　　　美國 IDA 國際設計大獎
　　　法國雙面神國際設計大獎
　　　義大利 A'Design Award Competition
　　　亞太設計雙年大獎
　　　日本 JCD 商空大賞 BEST100
　　　韓國 K-Design Award & Prize 金獎
　　　香港 Perspective 透視大獎

豪宅學

Tips on Designing LUXURY HOUSE

V.1 平配剖析學

Floor Plan & Space Arrangement

◆

CHAPTER 2

心豪宅之
3時期

即便是高端豪宅仍需要人去賦予意義才有價值，並且在以人為本的基礎之下，讓使用者在居住的過程當中備受尊敬寵愛，這感受絕對不只是來自豪華極致的裝修，而是讓居住者感受舒適性、方便性、安全性及趣味性。所以說無論是硬體或是軟體，都必須貼心的從居住成員的結構去思考，一個家庭由小孩、成年人、長輩所組成，每個人的年齡層與生活習性都有所不同，空間的設計和配置必須對應不同階段的居住成員來規劃適當的機能。　從現今高端族群的居住生活型態來看，大致可以分成3個時期——成立新家庭的富二代青年宅，事業有成的壯年宅以及享受退休人生的熟年宅，這3個時期的空間型態隨著家庭成員的年齡變化形成一個變化循環。　海外留學歸國的企業二代，空間設計需求大部分比較具個性化，同時必須思考到小孩的成長，因此空間必須保有彈性以因應小孩每個階段的需求。而正值事業巔峰的壯齡豪宅，則要平衡拿捏三代同堂空間彼此的獨立與交集。為退休高端族群規劃的熟年宅，除了滿足環境安全、

照顧生理的基本功能之外，最重要的是滿足心靈層次的需求，因為對他們而言，在退下肩上的責任後，空間不只是居所，而是滿足自我實現的追求。

1　青年宅 新世代小家庭教養空間

富二代甚至富三代的豪宅屋主，大部分已經有很好的事業基礎，因此他們的個人喜好會非常廣泛，並且追求個性化的空間設計，這個時期的豪宅屋主也正處於拓展人脈開創事業的重要階段，因此比較希望把空間展示出來，空間配置的概念上要能有對外交誼的功能，接待一些商務上的朋友或者舉辦派對活動，同時也要保有在家工作的彈性。　同時這時期的豪宅屋主大部分有照顧小孩的需求，空間設計還要考量孩子的生活型態，根據不同的年齡配置育嬰房，小孩房，學習房及遊戲房等等。由於小孩不斷在成長，在空間配置上必須思考到未來的可變性，不過原則上這個變化不會拉太長時間，一般裝修設計大概是以 5 年到 10 年為考量，如果是超過 10 年沒有調整空間，那就離豪宅的狀態有一定的距離，因為居住的需求會隨時代的變遷及當代趨勢有所不同，因此重新規劃的時間點制訂，一定要跟據當時居住者的狀態為主。　空間以孩子生活型態為主時必需思考絕對的安全性，在他們專屬的空間裏面不要有任何稜稜角角的設計。很多設計師會以自己的角度，安排很多個人喜好的設計，但不見得符合每個小孩子的需求，太固定的東西無法對應他們未來成長的變化，而且每個小孩子的個性不同，他們的喜好會隨着年齡改變，在小孩的空間裏面，應

該要有更多的彈性讓他們能夠盡情發揮，會是一個比較理想的設計。

2   壯年宅 家庭親子關係的空間建立 ——————————————————————

一般壯年豪宅的屋主除富二代之外，另一種就是從青年時期創業有成者，這兩者環境背景和心境不同，對空間的期待也有所差異。富二代從小生活在較優沃的環境，有很好的事業基礎和條件，對於空間喜好較偏向自身從小養成的特定氣息；而自行創業者則是經歷過嚴苛的商業環境考驗後獲得成就，會有回饋自己和家人的心態，空間較偏好外顯與較具感染力的佈局。 壯年豪宅的空間配置絕大多數建立於家庭的親子關係，除了對上和父母親的關係之外，還有對下和小孩之間的關係；由於老人有老人的習慣，小孩有小孩的喜好，還有自己的需求，所有年齡層的居住需求及生活習性都須納入考慮，因此家庭成員是決定空間平面配置的關鍵。譬如，長輩有自己習慣看書的時間，泡茶聊天的興趣，想要與兒孫互動的期待等等，這些細節都是需要對應到空間去思考。 相較於青年，壯年時期的豪宅屋主對外交誼的頻率較少，空間逐漸偏向滿足自己的興趣喜好，因此男主人與女主人不但各自有自己獨立的嗜好活動的空間，甚至還有合併一起的共用空間；雖然這時期的豪宅屋主社交活動的對象大多以至親好友的往來為主，仍需要規劃專屬的交誼區域以從容因應各種社交活動。

3　　熟年宅 渴求自我實現的嗜好居所 ────────────────────────────

至於熟年豪宅的屋主，在縱橫商場後累積豐厚的人生智慧和歷練，即使腦袋依舊靈光，但無可避免的身體

退化的事實，反應能力和行動速度都不如青壯齡時期，因此空間首先就要從生理狀態去思考機能，這包含

安全性，方便性以及簡單性的無障礙設施規劃，像是走道的寬度，臥房的尺度，輪椅迴轉的空間，廁所位

置的配置，無門檻設計等等，都需細心同理的去思考，無障礙設施的設計不要過於顯化於空間，不著痕跡

的安排於空間之中不但是對長輩的尊重，也是展現豪宅的精緻質感。 有些熟年豪宅屋主喜歡熱鬧的感覺，

但比起到外面交誼活動，更喜愛邀請同齡好友們到家裡茶敘、歡唱，因此交誼空間的尺度比例較大，設備

要滿足絕對客製化需求，臥房尺度相對適度即可，保有安定睡眠的品質，起床活動也較為方便。熟年時期

的夫妻進入自我實踐的階段，希望自己的興趣嗜好在空間裡展現，不再處處遷就彼此生活習慣，雖然空間

保有各自生活的自主性，但也期待在同一個屋簷下的相互照應，感受彼此的陪伴，因此大尺度的熟年豪宅

空間要能創造視線上的穿透與交集。

常見豪宅格局

前面談到豪宅應具備的條件包括對的環境、對的設計、對的管理及對的意境，這些條件都必須對應不同房型做細膩而完善的規劃，才能創造出真正的高端豪宅。現今建商不斷將豪宅規格推升至極致，但因環境地形等因素產生不同屋型，因此要打造以人為本的心豪宅，不但要從居住成員需求切入空間思考，更要對應不同房型配置空間格局。要如何讓房型的優勢極大化，產生空間價值，如何弱化缺點，轉換成為空間趣味，這當中的進退轉折，無疑是一門空間設計的藝術，最終目的就是要給豪宅居住者無比的尊寵。 這裡提出方型、長型、L型、U字型、回字型及複層型 6 種常見豪宅房型，再與 3 種豪宅居住型態交

乘出 18 種平面方案，從橫向到縱向給予具有邏輯性的豪宅配置觀點。另外，台灣和中國大陸建築結構不太一樣，在進行平面配置時，所受條件限制也不一。台灣多為樑柱結構，雖在空間配置的自由度較高，但必需考量樑柱的位置，在進行立面和天花的設計時，需將其納入思考；大陸則多為板牆結構，在無法任意拆除隔間牆的限制下，進行平面配置時難免較為受限，雖是如此，仍必須謹守大原則的條件配置，才能突顯出各式屋型豪宅的尊貴及大器感。

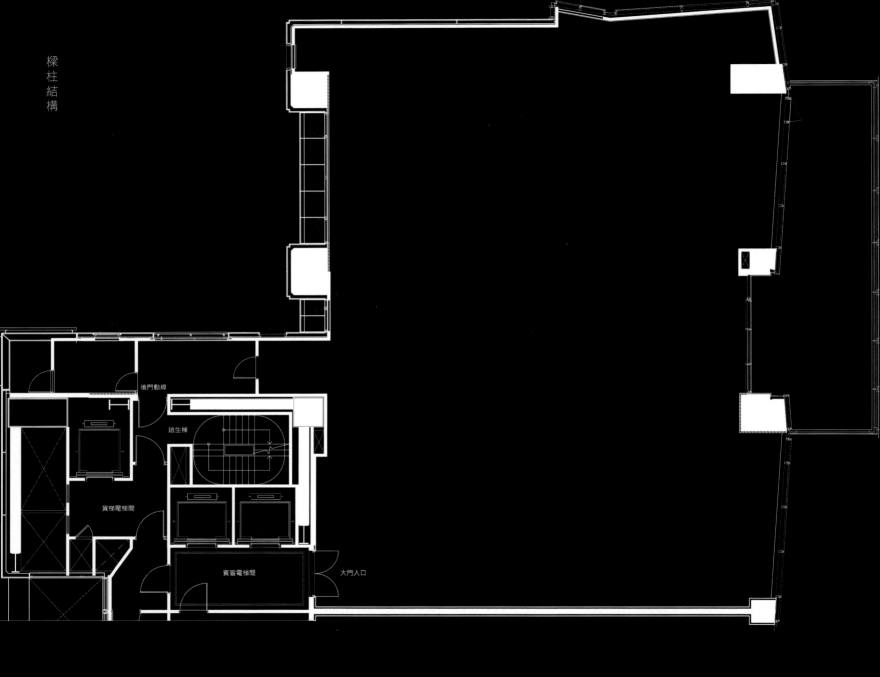

樑柱結構

後門動線

逃生梯

貨梯電梯間

賓客電梯間

大門入口

方型格局

優點 ◆ 分形同氣　　　縮短移動路徑，等距動線匯聚情感

缺點 ◆ 進退無依　　　四邊對等距離，尺度光線有所限制

破解 ◆ 引光展景　　　餐區放置核心，開放設計連結光影

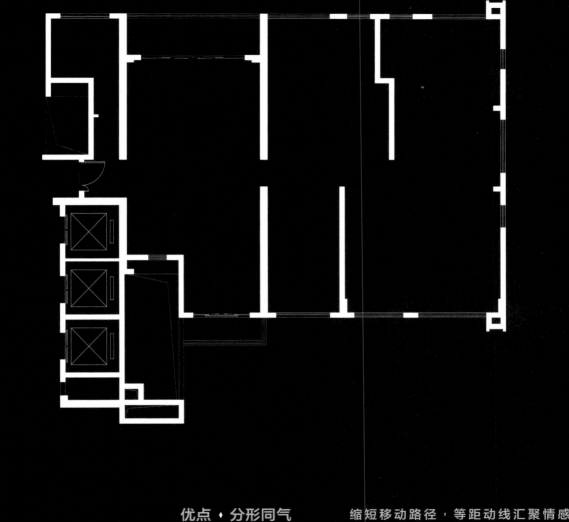

方型格局

优点 · 分形同气	缩短移动路径，等距动线汇聚情感
缺点 · 进退无依	四边对等距离，尺度光线有所限制
破解 · 引光展景	餐区放置核心，开放设计连结光影

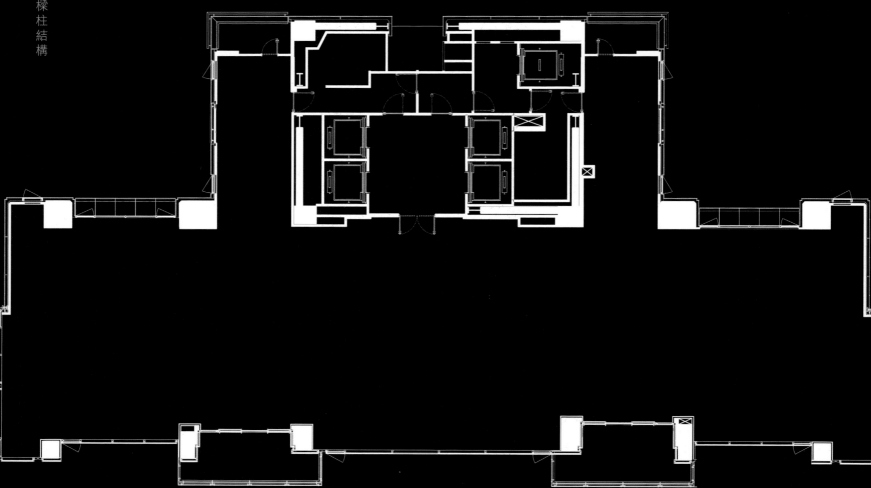

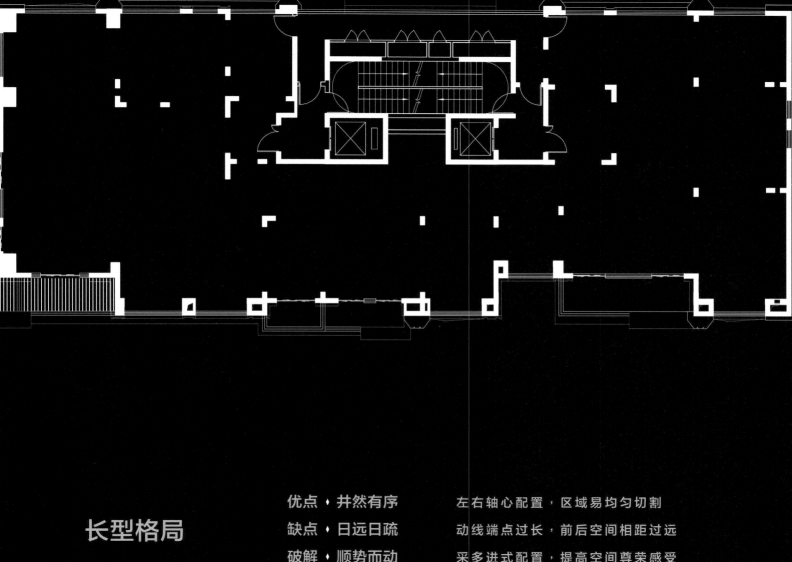

长型格局

优点 · 井然有序	左右轴心配置，区域易均匀切割
缺点 · 日远日疏	动线端点过长，前后空间相距过远
破解 · 顺势而动	采多进式配置，提高空间尊荣感受

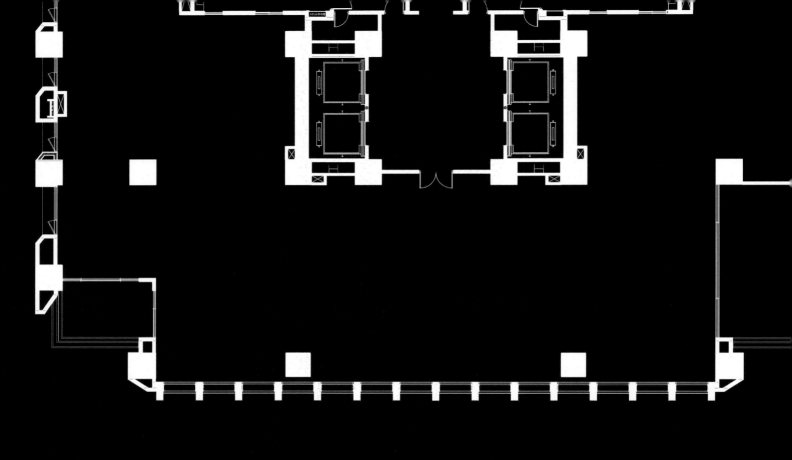

U 型格局

優點 ◆ 層次交織　　三面通風採光，尺度通透景深放大

缺點 ◆ 虛實難守　　左右兩側配置，公私領域不易分開

破解 ◆ 進退有度　　環繞規劃空間，迴避訪客自由進出

U 型格局

优点，层次交织	三面通风采光，尺度通透景深放大
缺点，虚实难守	左右两侧配置，公私领域不易分开
破解，进退有度	环绕规划空间，回避访客自由进出

樑柱結構

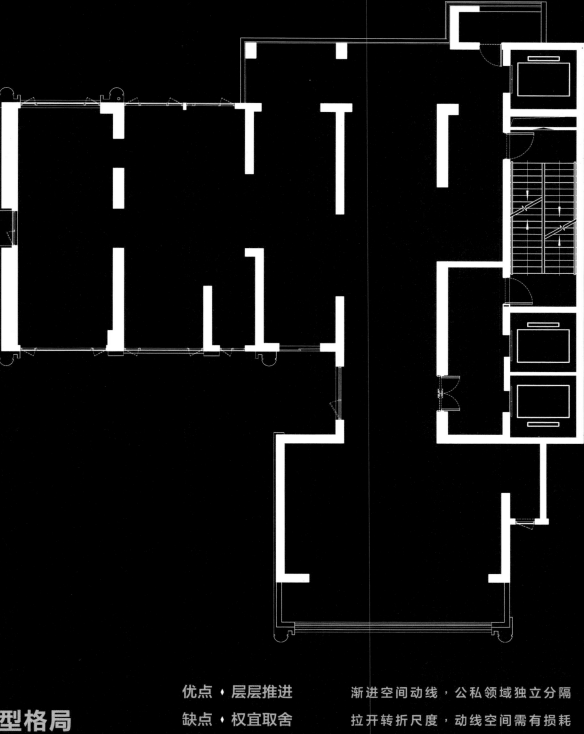

优点 ◆ 层层推进　　　渐进空间动线，公私领域独立分隔

缺点 ◆ 权宜取舍　　　拉开转折尺度，动线空间需有损耗

型格局

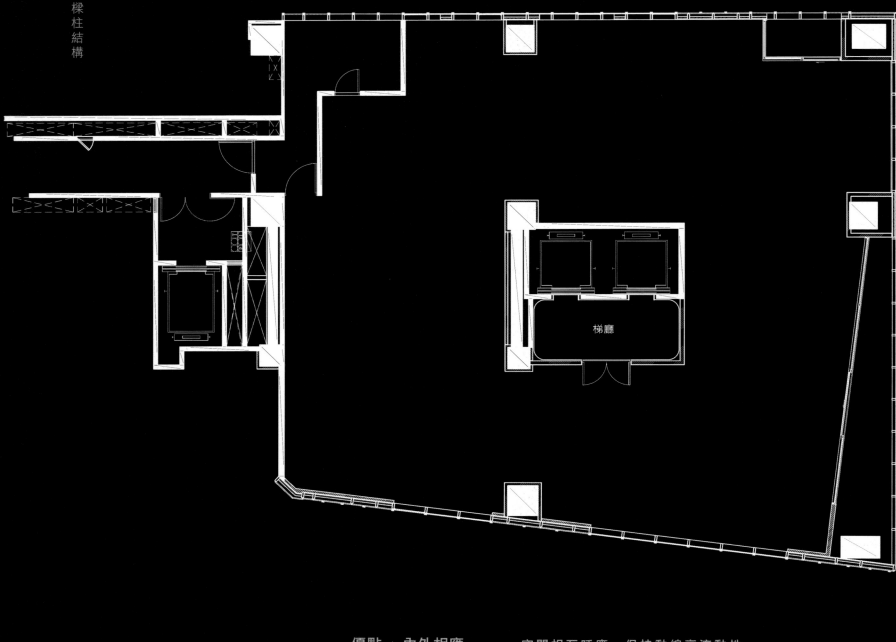

樑柱結構

梯廳

回型格局

優點 ◆ 內外相應　　空間相互呼應，保持動線高流動性

缺點 ◆ 維度難展　　人與空間關係，難以配置掌握尺度

破解 ◆ 轉折循序　　無需過多形式，輕易區分公私領域

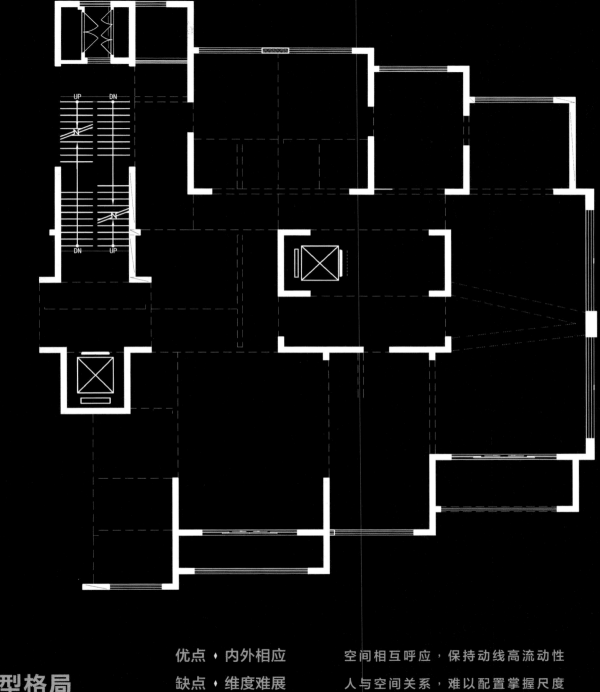

回型格局

优点 ◆ 内外相应	空间相互呼应，保持动线高流动性
缺点 ◆ 维度难展	人与空间关系，难以配置掌握尺度
破解 ◆ 转折循序	无需过多形式，轻易区分公私领域

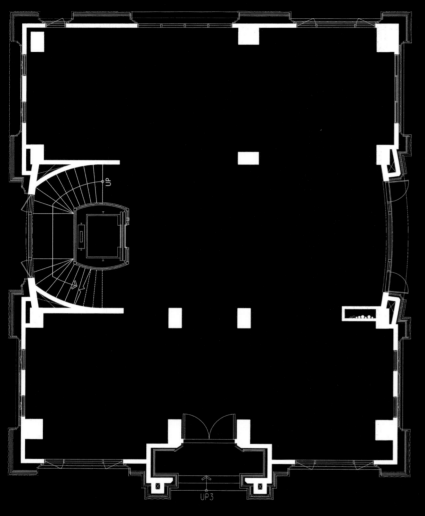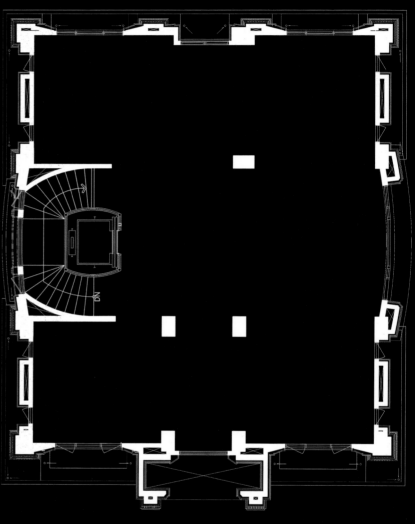

一樓　二樓

複層格局

優點 ◆ 悠然自適　　　完全獨立樓層，不受干擾隱密自在

缺點 ◆ 枉費空間　　　樓梯上下貫連，過廊位置閒置浪費

破解 ◆ 相映成趣　　　過度空間利用，藝術畫作增添品味

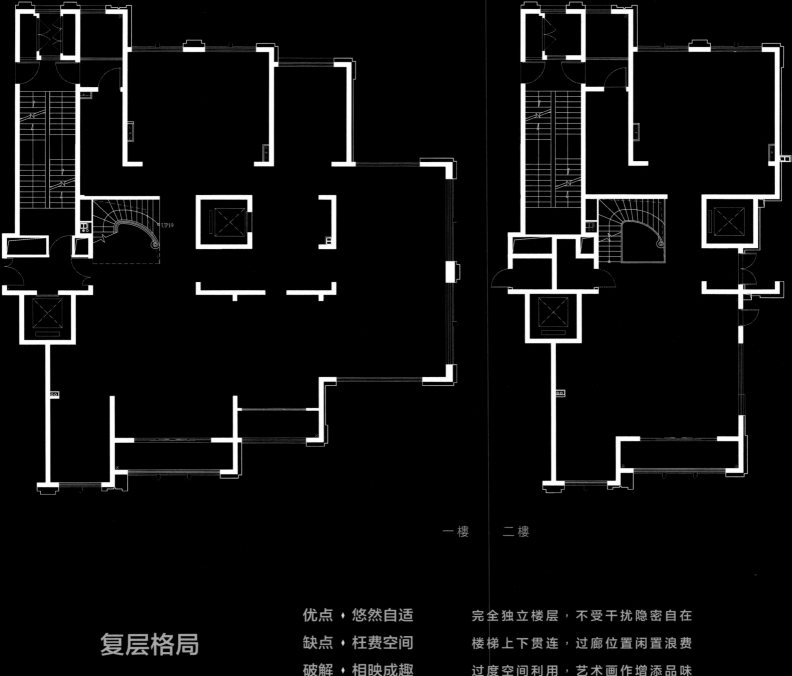

一樓　　二樓

复层格局

优点，悠然自适　　　完全独立楼层，不受干扰隐密自在

缺点，枉费空间　　　楼梯上下贯连，过廊位置闲置浪费

破解，相映成趣　　　过度空间利用，艺术画作增添品味

◆ ◆ ◆

公領域
平配關鍵

公領域包含玄關、客廳、餐廳及廚房空間，無論是否為豪宅，公共空間大部分是家人及客人來訪時共同使用的空間，但豪宅的共用空間要考慮的面向就更為寬廣和細膩。早期豪宅屋主會透過富麗堂皇的裝潢向親朋好友突顯自己的富裕，現代高端族群對公領域的認知和以往有所不同，當到達一定層級後，不再需要透過空間炫耀，更注重隱私並講究自己和家人居住的極致舒適。　然而大部分的高端族群仍有對外交誼的需求，公領域突顯出屋主對生活的實用價值和空間尺度的追求。豪宅從入口玄關開始就要讓來訪客人有被尊重的迎賓感，而客餐廳則依男女主人的需求及習慣規劃，大部分男主人會在客廳談事聚會，女主人則喜歡在餐廳聊天下廚，但彼此仍能在同一個場域交流。廚房在近幾年有很大的變化，廚具廠商將廚房規格不斷提升，雖然油煙分離的雙廚概念已是基本設計，然而現代高端族群注重養身，因此不應將空間拘泥在中西式廚房該如何設計，好的豪宅設計師應該將正確的飲食觀念帶入廚房。

公領域配置要點

以客為尊 貼心至上。待客如己是現代
宅最高表現，配置規劃上要從客人的
度思考，給予最無微不至的貼心感受

超越尺度 營造視野。公領域是屋主對
表徵身份氣度的社交場域，主空間要
與外在環境相呼應連結，創造超越尺
的感受。

互敬互重 提升交流。豪宅待客講究賓
盡歡，空間配置上要留意賓客主人之
交流與互動的關係，並增添愉悅有趣
藝術品設計增進彼此互動。

玄關平配關鍵

營造氛圍 情緒轉換。玄關營造出有如回家的氣氛相當重要，從踏入家門，就要給人沈澱、舒適的歸屬感。無論在外的日常工作壓力或環境污染，進到家中能產生情緒上的穩定放鬆感與環控品質的舒適安全感。

講究功能 細化收納。衣帽間和禮品室是配置在玄關位置的兩個重要空間，由於台灣氣候比較潮濕，鞋櫃區建議從衣帽間獨立出來，另外規劃獨立排風系統，並增加地暖設計讓鞋子有更好的除濕的效果，在實質功能上除了換鞋座椅設計外，收納鞋子、擺放皮包外套與外出用具等，都要以直覺性的動作來做演練並規劃出流暢與合理的收納順序。禮品室也是展現主客尊重不可或缺的空間，配置在入口玄關處，方便屋主接待送客時收禮及回禮。

客衛規劃 主客互重。玄關旁邊配置客用衛浴，是豪宅的必備條件，使來訪客人便於整理儀容，表現對主人的尊重，也是主人細膩貼心的展現。客用衛浴必須是迂迴或隱閉空間，一方便能避免異味，同時減少使用時的尷尬。

客廳平配關鍵

A ◆ **公私領域 進退得宜。**豪宅客廳扮演對外交誼的角色,要特別著重公領域和私領域彼此關係的處理,可以運用迂迴的設計手法維持空間的開放性,同時保持適當的隔音,以免聚會聊天時干擾到其他家人的生活作息。

B ◆ **擷取回憶 引伸話題。**好的豪宅設計師必須讓客廳加入趣味性,設法從屋主的生活記憶中帶出回憶有意義的故事,轉化成為妝點客廳的元素,不但能展現屋主個人品味,同時增進與賓客之間的互動性與聊天話題。

C ◆ **開放尺度 連結環境。**開闊的豪景環境是高端豪宅必備條件,因此配置在採光及視野最好位置的客廳,利用挑高和開放設計,讓空間在水平及垂直軸線延展其尺度,才能展現客廳的大器和氣勢。

餐廳平配關鍵

A 　**細化功能　高度整合。**被視為公領域的餐廚房必須呼應豪宅氣勢，為講究健康美食的豪宅族群將廚房功能細化，以滿足獨特個人需求，因此收納櫃體、電器設備與智能設施在配置上必須要完美的整合，展現空間的高度整體感和一致性。

B 　**創造舞台　維繫互動。**對於講究生活品味的豪宅屋主來說餐廚房是展現廚藝的舞台，設計規劃上要創造主人和客人良好的互動性，爐台與餐廳之間可以以中島作為距離緩衝，同時讓客人親友能共同參與下廚過程。

C 　**主從關係　進退尺度。**開放式設計使餐廳和廚房成為交誼空間的一部分，兩者之間的主從關係要依照主人的生活習慣來配比，有烹飪興趣的屋主自然以廚房為主空間放大使用機能強化，若是傭人處理三餐的豪宅家庭則著重在用餐區的環境氛圍營造。

私領域
平配關鍵

公私領域的定義，主要還是看屋主如何看待自己的生活領域，除了臥室之外，書房、起居空間、娛樂蒐藏空間可以說是私密空間，也可以說是公共空間；很多豪宅屋主喜歡把客人帶到書房裡，突顯他個人書卷氣息；而一般娛樂空間配置的位置和客廳餐廳比較接近，當客人用完餐之後可以就近做一些休閒娛樂。然而，我們先前有提到，真正的二代、三代的高端族群更重視居住隱私，相對的，書房、起居室、娛樂及蒐藏空間就是很私密的場域。因此在規劃豪宅之前一定要屋主談論清楚空間使用的目的性，才能讓私領域真正貼近並切合高端族群獨一無二的居住需求。 一般住宅會將光線與視野最好的位置配置客廳和主臥室，以高端豪宅的必要條件來說，幾乎所有空間都有採光和景觀，豪宅主臥必然擁有大開窗，因此規劃時要留意地理位置和環境，以對應睡眠應有的隱私性。高端族群因為非凡的財富地位，使他們能有奢華的蒐藏嗜好，這些東西可能是名錶、名畫或者各種獨特藝術品，在規劃這些空間時，一定要比他們思考的更遠、更周詳，像是濕度、溫度、空調、燈光都很重要，這些領域雖非室內設計師的專業範疇，但如何與各領域的專家相互整合，銜接好每個環節，也是室內設計師所必須精進的基本功。

私領域配置要點

家人為重　凝聚情感。私領域配置要設身處地從每一位家庭成員來思考細節,要讓人能感受到符合年齡、使用習慣的體貼設計。

不只最好　追求唯一。依照需求量身客製是配置私領域的不二法則,更跳脫原本既定的空間框架,要打造超越屋主想像的空間。

五感體驗　強化觸感。在最貼近生活的私領域配置不但要滿足五感條件,特別是寢居空間的軟件選擇更要著重觸感體驗。

主臥平配關鍵

A ◆ **空間比例 過與不及。** 豪宅主臥空間比例很重要，過大顯得空曠沒有安全感，適當尺度更能睡得安穩舒適，若是有配置電視的需求，應合理演算出最舒適的距離。

B ◆ **體現風格 營造氛圍。** 私密的主臥空間更能體現豪宅屋主的風格需求，有人喜歡羅曼蒂克，有人喜歡雅痞時尚，設計時要減去過於繁文縟節的裝飾，營造睡眠的寧靜感。

C ◆ **床鋪配置 適切尺寸。** 主臥配置的睡床以 king Size 或 Queen Size 較為舒適，兩者其寬度為相同僅長度有落差，規劃上可以空間或使用者身形來做為考慮。而且特別注重睡眠的使用者，可配置不相互干擾的雙床規劃。

起居空間平配關鍵

A ◆ **切合需求 家庭和樂。**豪宅起居空間是家人欣賞影音聚會聊天的地方，規劃時要了解家庭成員結構人數，進而安排空間尺度和位置，使每位成員都能盡情享受與家人同樂的感覺。

B ◆ **條理規劃 便利使用。**起居空間放置物品以共同使用為多，像電視音響影碟、遊戲設備、雜誌等，位置以取用及歸位都方便的條件來規劃，使家中成員都能取用順手。

C ◆ **愜意氣氛 增進和諧。**屬於家人的私密空間規劃，空間使用上較為多元，可利用智能控制來滿足空間在不同模式下的各種使用情境。閱讀休憩時空間能達到明亮開朗，影音娛樂時能達到安定放鬆。讓家人之間創造輕鬆自在的生活互動，拉近彼此之間的距離。

更衣空間平配關鍵

設計引導 理想動線。更衣空間的位置要與衛浴規劃在同一條動線上，方便在淋浴沖澡完之後，直接進入更衣室換裝著衣，並且配置在有自然光源的位置，使得在挑選、搭配衣物時減少色差。

A

邏輯分類 井然有序。配置豪宅更衣空間除了男女有別之外，規劃之前務必依需求先將衣物收納方式事先分類，譬如正裝禮服區、休閒服區、運動服區等，以及各自所占的比例，讓衣物收納在視覺感上一目了然。

B

收納細化 著重流程。豪宅的更衣空間必須兼具實用性及展示性，配置櫃體細節時要將收納極致細化，並按照穿衣流程由內而外再到配件，讓穿搭衣服時能順手流暢。

C

書房、蒐藏空間平配關鍵

專屬奢華　絕對客製。高端族群的嗜好蒐藏皆為一時之選，對
A　於空間的規格絕不能馬虎，蒐藏空間必須跟據屋主喜好及物
件完全量身客製，具備完美的展示性和保存的功能性。

學有專精　整合專業。蒐藏空間依照品項配置獨立的環控設
備，濕度、溫度、空調、燈光皆需以專業等級依高規格來配
B　置，不能有所偏差，一位好的豪宅設計師必定要通盤了解後，
在各層面做出最適切的整合。

規格打造　藏書寶格。書房除了閱讀之外一般也有藏書功能，
因此書房設計特別注重書架呈現的質感，設計之前要彙整書
C　籍、測量尺寸，訂製書套，讓空間畫面能襯托屋主氣勢質感。

◆ ◆ ◆

過渡空間
平配關鍵

所謂的過渡空間是連結公領域和私領域的一個次空間，也是一個共用空間，它扮演著緩衝的角色。高端豪宅過渡空間的尺度比一般住宅尺度大一倍，一般空間廊道大多落在 1 米～1 米 2 左右，豪宅空間到達 2 米以上。然而單純走在過渡空間其實較乏味，但又是空間與空間必然經過的地方，因此如何創造廊道的變化是豪宅設計師重要的課題。 一般在處理過渡空間會用一種「收」的手法，來創造進入另一個空間打開之後「放」的感覺，較長的過渡廊道可以用儀式感的設計創造空間張力，或者可以用展演空間、藝術廊道的概念來詮釋，在廊道底端放置端景桌，搭配名品畫作，將過渡空間當作一個藝術蒐藏的展演場域，同時能藉由廊道的設計作為銜接空間時轉換情緒的地方。同時利用凹凸轉角處置入裝置藝術，產生感官上的互動，讓使用者經過偌大空間的轉角時會心一笑，就是賦予空間一個靈動的生命力。

過渡空間配置要點

獨特造景　趣味轉折。設計師要發揮創意為過渡空間提供轉換空間的趣味，透過巧妙的安排讓公私領域保持各自的開放和隱私，同時要也產生耐人尋味的故事性。

漸進層次　呼應禮序。除了在主要空間的環境和功能上展現居住品質，過渡空間可以運用對稱、陣列等設計手法，產生空間的秩序關係，體現豪宅風範的儀式感。

形隨機能　一隅見景。在過渡空間中，利用設計手法將藝術品或展示或收藏於天地壁的當中之一，讓空間與藝品產生對話，營造出一隅空間確能直擊人心的深刻。

走道空間平配關鍵

A ◆ **規則佈局 層層推進。**豪宅廊道尺度夠深長，運用門拱設計能創造出它的儀式感，一進進的層次透過燈光投射輔助，形成無限延伸的亮麗景深。

B ◆ **獨造主題 襯托空間。**以展示蒐藏的場域來規劃，賦予過渡空間屬於屋主的故事或主題性，像是注入圖書館，美術館的概念，佈置藝術畫作增添廊道豐富度，弱化過渡空間配角的身份。

C ◆ **迂迴手法 公私分明。**豪宅客廳到書房或者客廳到房間之間需要有一點距離，增加私領域的隱密性，要避免在公領域看到臥室房門，巧妙安排迂迴廊道，讓屋主在公私領域保持各自的開放和隱私。

轉角空間平配關鍵

A ◆　**緩和過道　點綴風景**。轉角可視為偌大空間之中暫緩動線的逗點，可以以休憩點的概念配置，擺張椅子、放盞立燈營造一個簡單的閱讀角落，成為空間迷人的轉折處。

B ◆　**大膽創意　形塑亮點**。運用蒙太奇的手法創造轉角空間的變化，空間置入不同敘述的場景或故事，如植生牆或具有價值的裝置藝術，設計師要運用創意轉換空間趣味。

C ◆　**美感收納　機能兼備**。配合不同場域賦予過渡轉角空間一定的功能性，適度的安排具有美感公共收納處，讓餐瓷、藝術品收納兼具局部展示功能。

豪宅平配技法

平面圖決定場域的生命力，甚至決定了 60% 的空間成敗，而不同的空間尺度對應不同的空間規劃方法，尺度較小適合用「沿壁式」的手法，這樣可以節省空間、創造空間，如果空間尺度較大可以用「切割式」的方式，將空間做最適當的配置。由於平面配置受建築條件及方式影響很大，因此在進行配置時，必需特別注意。台灣的建築多為樑柱結構，內地則為板牆結構，樑柱結構有比較大的空間可以發揮，而內地必須遷就板牆的位置去配置空間，相對較為受限。 在為豪宅空間配置平面時，可以用一種跳脫制式思考框架的「非」設計，就是否定既定設計的思維。現代人生活都太制式化，幾乎所有居家進去玄關就是擺鞋子，客廳就是坐著看電視，餐廳就是坐著吃飯，那太無趣了，無論豪宅或者一般住宅都是如此，這對一些擁有多間房子的豪宅屋主來說，一般制式空間已經感到無趣，而「非」的設計，能為他們創造打破既定思維的趣味空間。否定設計的思維就是推翻所有的東西，客廳不只是客廳，廚房不只是廚房，廁所不只是廁所，在符合生活功能和需求的原則之下，打破既定

思維的空間設計，用不同的方式來表達，詮釋空間表情，生活在其中才會有趣。而在配置豪宅平面時必定要掌握「隱」、「氣」、「轉」、「進」、「動」幾個主要的重要關鍵。

隱

隱介藏形　進退裕如自在安居

「隱」不外乎是談住宅的隱私性，對身價不凡的豪宅屋主來說更是著重個人和居家隱私，從現代極簡的設計趨勢來看，雖然整體空間設計傾向開放形態，但開放的格局裡也必須根據生活需求和形態納入隱密空間，以確保居家生活的安全和自在，因此在做空間規劃的時候，從玄關進入空間，除了要營造回家的溫馨感覺之外，同時也要創造界定裡外的層次。尤其在公共空間配置裡，特別要留意給來訪客人所使用的洗手間位置，如果能夠以設計手法適度的將它隱藏起來，可以讓客人方便使用，又不會讓人進入時覺得尷尬，就會是一個很成功的設計，即使客用洗手間只是一個小空間，但卻是主人對禮節的講究，展現對客人尊重的體貼表現。

進入空間後，接待客人的公共場域是豪宅最大的必要性，現代住宅為想讓空間的使用率提高，大部分一進空間先進到餐廳然後將採光較好的區域留給客廳，再看空間的狀態將起居室及臥房等私密空間配置在較裡層的位置。再來就是較私密的生活空間，像沐浴、更衣或者健身都是可以透過適度的配置與公共空間保持距離，但理想的設計是，空間可以連結、互動，也可以不著痕跡的隱藏。

另外就是豪宅主人的個人蒐藏隱私，當一個人的生活水準到達一定的程度，會希望有獨立空間滿足自己的嗜好，透過珍藏獨享獨一無二的故事回憶，因此這個空間也必須特別針對個人及物件去設計，創造一個一般人不容易去接觸到的空間。

氣

氣宇非凡　儀式手法頂奢表現

空間的「氣勢」和「氣場」是完全不同的兩回事，「氣勢」是透過設計突顯豪宅主人想要呈現的霸氣，像是社會位階、名氣等，或者利用動線和空間表情體現豪宅主人的個性，無論是豪氣萬千或者才氣縱橫，又或利用空間的藝術價值來表徵。「氣場」講的是一種空間溫度、一種能量，與空間大小無關。

要如何呈現豪宅的「氣勢」？這需要和業主仔細討論出需求，並藉由溝通中進一步認識、理解他們，比如個性比較霸氣的業主較喜歡儀式感的設計手法，而對稱性、陣列性的設計都可以讓空間產生莊嚴的儀式感，進門的人得通過一層層空間後才能見到主人，在這樣路徑的鋪陳過程中已經達到震懾人心的效果，形成一種無需言喻的宣示，無形中展現豪宅主人的霸氣。另外像是「筆直」、「迂迴」也能創造儀式感，從入口到空間底端拉出直通到底的軸線，產生有如大道般的大器氣勢，而「迂迴」路徑慢慢展開的轉變過程同樣能營造出儀式感，或者透過「顏色」明暗反差呈現豪宅空間銳不可擋的氣勢。

轉

轉折有序　拉長動線解放尺度

常用來論述文章章法架構的「起、承、轉、合」同樣可以套用在空間設計上，其中「轉」主要營造空間的趣味，可以運用不同的設計手法產生空間的尺度感受。人對於空間尺度的感受很奇妙，當走進一個開闊全然無隔間的空間，因為能一眼看穿反而局限我們對尺度的想像，一旦當格局配置好後，運用「迂迴」等設計手法產生轉折路徑，拉長了人在空間穿梭行走的時間，進而使人產生大空間的錯覺。

在這裡給大家一個觀念，空間不見得一定用牆去區隔才叫隔間，也可以透過「類牆」的方式去做轉折然後產生出空間的趣味感，像是書櫃、屏風或者藝術品甚至是植栽，都可以作為兩個空間之間的轉折，讓人在過渡空間停留、佇足，這樣不但能無限放大、突顯空間同時產生另外一種想像的可能，進而創造空間的尺度想像。

動

動靜流轉　轉移之間行雲流水

動線是我們為空間刻意規劃出來的指定方向，一個引導性的路徑，因此除了規劃行走動線之外，還要讓它產生空間的流動感。動線分很多種，無論是「功能性」、「趣味性」或者「藝術性」的動線，這些都要事先和業主做很好的溝通再規劃。一般來說業主通常只能在溝通當中提供功能性的動線資訊（需求），設計

師就要負責創造出動線的趣味性及藝術性，甚至從中產生具有未來性的動線，這些都是在基礎動線之外，設計師所能賦予空間的價值。

那何謂動線的「藝術性」？就是改變空間之後，營造出超乎業主想像的空間氛圍，透過設計讓灑進來的光影，創造出另一種空間的靈動和氛圍；或者藉由藝術品或材質等設計手法創造更高的層次，讓居住者從不同角度觀看同一個地方會產生不同感受性。

進

進轉自如　穿形之間彰顯氣度

進和轉、動都是相關的，這是一個進入空間的過程，居住者可以在這個過程當中有很多學習，回家後可以透過這個過程紓壓，或者經由這個過程轉換情緒，放下繁瑣，這就是最高層次的設計。中國古老建築美學將園林禮制於進落之間彰顯，更是傳統東方雅緻生活的展現，一般望族大部分以三進院為主，五進則非富即貴，進落之間能彰顯尊貴感和儀式感。

現在住宅無法像古時候空間寬敞，因此藉由隔間來創造進院的尺度，在創造「進」的過程中不是要把空間做切割，而是透過一些陳設，趣味性的隔間產生進的感覺，空間透過隔間來引導使用者，讓他在過程中產生化學變化。大部分這個轉折點都是來區分使用範圍，原則上，當空間尺度夠公共空間就能創造三進的層次，進入臥房再規劃兩進，五進的尺度無論在中國傳統風水或者氣場都是最高層次。

CHAPTER

3

青、壯、熟年世代
豪宅平面配置全解析

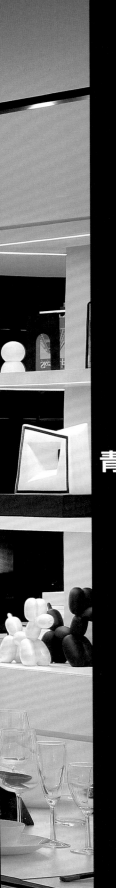

青年豪宅平面配置關鍵

多元機能 進退得宜。正在處於發展事業階段的青年夫妻,空間配置主要考量到社交需求,包括男主人的商務交流與女主人的私人聚會,公領域空間要保有能對應各種聚會的開放性及彈性。

親子臥房 適當距離。家裡有學齡後的小孩生活行為更為成熟與獨立,在私空間上可給予適當的距離以不干擾彼此的生活作息。並利用公領域去延伸家庭的互動與交流。

套房建立 著重規劃。家人可以共用一間衛浴增進情感是很幸福的事,但必須要考量到衛浴空間設備的獨立性。如果說空間夠大,多一間套房讓小孩自主管理也是另一種思維,同時要思考衛浴如何規劃,除了採光通風外,適老適幼的貼心機能也很重要。

壯年豪宅平面配置關鍵

明確定義 公私領域。壯年豪宅空間配置著重在三代同堂各自需求以及家族感情的聯繫，公私領域要明確劃分，對外的公領域機能上要考量屋主的社交活動，對內則要思考到長輩的生活習慣。

動線串連 情感維繫。三代同堂家庭對內的公領域要部分交疊，餐廳是家人交流的重點場域，而廚房更是媳婦與婆婆感情互動的地方；起居空間是全家人共同活動的場所，動線要互相串連以創造家人活動頻率。

自主生活 符合年齡。私領域考量到所有年齡層的生活作息，要保有各自場域的獨立避免相互干擾，小孩房的部分同時要考慮到長輩陪伴共同照顧的狀況去設計。

熟年豪宅平面配置關鍵

首重安全　設計貼心。熟年豪宅以安全性為主，奢華性為輔的一種規劃，無障礙設計讓居住者生活更方便安心，這不見得是老人的專利，當家人身體不方便、不舒服的時候，無障礙空間是非常貼心的設計。

專屬客製　自我實踐。熟年豪宅的空間配置要有絕對滿足屋主個人嗜好的場域，有些人著重於健康，所以有三溫暖、健身房等，有些人著重於蒐藏，則有名人畫作或是雕塑蒐藏空間，這些必須針對不同的方向配合專業量身規劃。

小私大公　增進互動。熟年屋主的反應力跟行動力都不如青壯齡，公私領域配比上要讓私人空間稍小、公共空間大，適當尺度的臥房讓睡眠更為安穩，其餘則創造一個具有趣味的公領域增加與親友之間的交流。

◆

CHAPTER 3

方型格局
青年豪宅平面配置要點平配解析

青年豪宅設定為年輕夫妻和兩個小孩，正處於創業階段的夫妻居家有較頻繁的交誼需求，包括男主人與朋友或者客戶的商聚，女主人與閨蜜下午茶或者是花藝、烹飪等私人聚會，因此空間著重在公領域對外的運用彈性，私領域則考慮小朋友讀書跟家人隱私的空間設計。

A ◆ 隱介藏形

B ◆ 通同一氣

C ◆ 一轉二折

D ◆ 二進展景

E ◆ 進室順行

健身區

男主人更衣室

主臥浴室

女主人更衣室

主臥室

小孩房

主臥玄關

孩浴

客衛

書房

戶外休憩區

熱炒區

衣帽間

餐廳

客廳

玄關

梯間

A ◆ 隱介藏形

二進主臥玄關，迂迴動線層層隱私

B ◆ 通同一氣

串聯客餐廚房，交誼需求處處運用靈活

C ◆ 一轉二折

廊道收納櫃體，創造特色動線別見風景

D ◆ 二進展景

玄關空間轉折，層次動線形塑儀式

E ◆ 進室順行

循序更衣動線，邏輯收納引導生活

青年豪宅空間需求會較外顯，希望把空間
展示出來，以滿足自我個性的展現。

方型格局
壯年豪宅平面配置要點平配解析

壯年豪宅主人多為事業有成的夫妻，與已成年小孩甚
至是第三代的小孫子共同居住，不同年齡成員共同住
在方型空間，配置除了著重在於三代同堂私領域各自
生活需求，更重要的是以公領域為中心，是維繫整個
家族之間的情感。

A ◆ 隱而不顯

B ◆ 引光進氣

C ◆ 迴轉流動

D ◆ 進室順行

E ◆ 綠光帶景

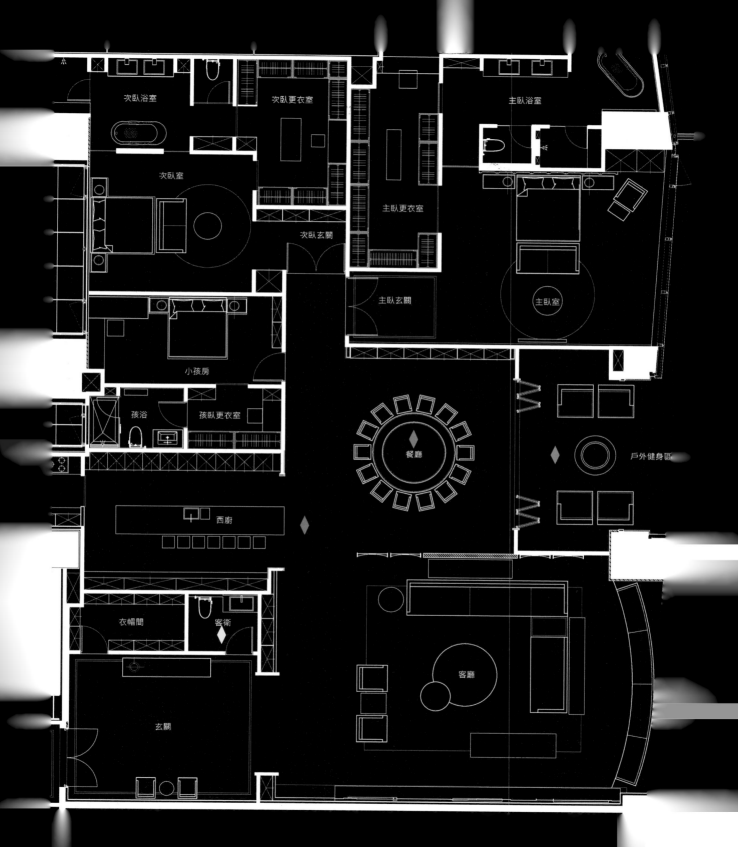

次臥浴室

次臥更衣室

主臥浴室

次臥室

主臥更衣室

次臥玄關

主臥玄關

主臥室

小孩房

孩浴　　孩臥更衣室

餐廳

戶外健身區

西廚

衣帽間　　客衛

客廳

玄關

A ◆ 隱而不顯

玄關角落衛浴，互敬互重進退得宜

B ◆ 引光進氣

連結內外動線，光線通透直達中心

C ◆ 迴轉流動

弱化衛浴隔間，解放身心悠遊自在

D ◆ 進室順行

循序更衣動線，邏輯收納引導生活

E ◆ 綠光帶景

層層引光明透，再再邀請光景綠意

壯年豪宅的空間配置大多取決於人與

人之間的家庭親子關係。

方型格局
熟年豪宅平面配置要點平配解析

熟年豪宅的主人多為退休夫妻，利用方型空間的特質，
將餐廳配置在整個空間的中心領域，讓書房與餐廳以
開放式設計連結，引入更充足的光線，創造熟年屋主
與老朋友們以及另外一半的享樂生活　，並為頂層族群
打造興趣蒐藏還有對於健康生活追求的個人空間。

A ♦　隱室藏藝

B ♦　引氣帶景

C ♦　靜轉流動

D ♦　聚氣靈動

E ♦　優室安樂

健身房

主臥浴室

更衣室

主臥室

視廳室

戶外泡茶/圖書區

主臥玄關

酒窖

餐廳

熱炒區

西廚

綠牆

儲藏室

客衛

客廳

衣帽間

弟間

玄關

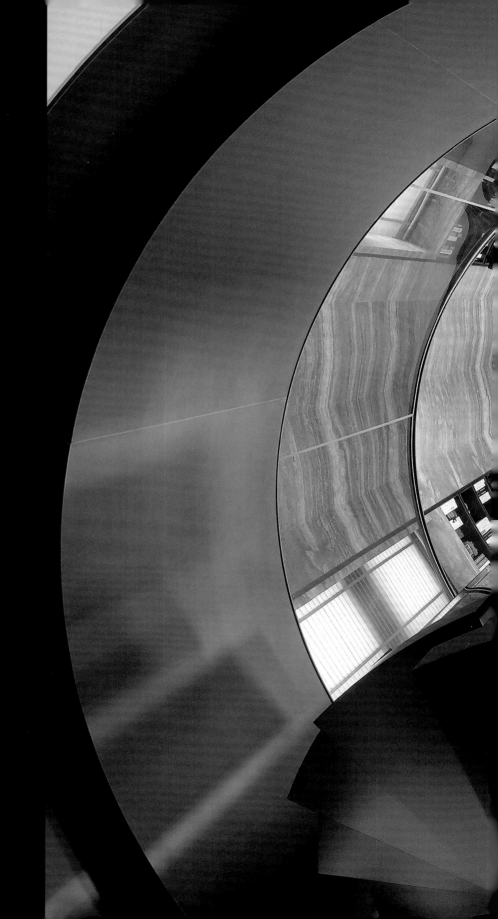

A ◆ 隱室藏藝

玩賞藝品空間，低調珍藏個人品味

B ◆ 引氣帶景

層層引光穿透，再再邀請光景綠意

C ◆ 靜轉流動

尊寵個人喜好，客製專屬休閒場域

D ◆ 聚氣靈動

中心設置餐廳，軸心動線凝聚家人情感

E ◆ 優室安樂

樂齡清心安適，健康嫻雅恬靜生活

以方便、安全作為主要考量，奢華為次
要是規劃熟年豪宅的要點。

長型格局
青年豪宅平面配置要點平配解析

青年豪宅居住成員多為一對年輕夫妻和 2 名小孩，由於長型空間容易遇到動線過長的問題，青年豪宅因居住成員較簡單，空間配置上突破制式化的規範，將多元空間減少，並放大空間尺度來提高居住的舒適感與隨性感。

A ♦ 品藝生活

B ♦ 通脫不拘

C ♦ 內外呼應

D ♦ 生活逸趣

E ♦ 條理分明

機房

浴室

佣人房

衣務整理區

梯廳
客人穿鞋區

金庫

衣帽室
置鞋區

芳療區

書房

客廁

藝術玄關

禮品室

瑜珈

廁所

客廳
視聽區

花園浴室

更衣室

主臥室

收藏展示

客廳
分享區

按摩床

戶外SPA區

A ♦ 品藝生活

藝術置入玄關，帶出居家主題差異

D ♦ 生活逸趣

烹飪結合興趣，靈活運用滿足機能

B ♦ 通脫不拘

隨性自由個性，多元空間跳脫制式

E ♦ 條理分明

寢區機能細分，功能符合孩童尺度

C ♦ 內外呼應

開窗納入大景，排列合理生活動線

豪宅空間的生命力是透過我

長型格局
壯年豪宅平面配置要點平配解析

壯年豪宅居住成員則常見三代同堂包含一對夫妻與剛出生的小孩並與長輩同住，空間配置重點在將長型空間分為公共區、長輩房區域、主臥區域，中段配置交誼休閒公領域，以匯聚家人親友情誼，長輩區則考量到行動不便長輩的照護需求，右區由主臥室與親子區組成，並以照顧學齡前小孩的機能來規劃。

A ♦ 尊禮重客

B ♦ 群聚共樂

C ♦ 盡情暢遊

D ♦ 條理配置

E ♦ 樂齡思維

機房

浴室

佣人房

衣務室

金庫

梯廳
客人穿鞋區

衣帽室

更衣室

客廁

玄關

覓鞋區

輕食區

育兒室

訪客
衣帽室

親子活動區

兒童
禮品
收納

主臥室

更衣區

主浴室

客廳 交誼區

客廳 視聽區

TV

玩具
收納

陽台

A ◆ 尊禮重客
玄關機能細分，講究質感提高便利

B ◆ 群聚共樂
複合休閒模式，家人親友共享樂趣

C ◆ 盡情暢遊
孩童需求規劃，獨立空間公私不擾

D ◆ 條理配置
放大寢居功能，照料互動輕鬆自如

E ◆ 樂齡思維
特殊照護規劃，無礙設計體貼人心

如何利用設計讓家庭成員能夠更幸福、更有互動性，是設計壯年豪宅必須思考的課題。

長型格局
熟年豪宅平面配置要點平配解析

熟年豪宅屋主則已退休夫妻為主，利用長型空間的缺點轉化為優點，將廊道拉長做為一個藝品展示空間，再由經由展示區進入其它場域，將空間張力最大化利用，讓使用者在心境上能產生動靜轉換的節奏性。

A ♦ 迎賓意象

B ♦ 動靜有序

C ♦ 明朗大器

D ♦ 典藏書香

E ♦ 隱室藏私

機房

儲物室

外燴準備

典藏酒窖

廚房

客浴

客房

緩緩廊

客浴

客房

輕食區

餐

陽台

機房

佣人房

浴室　衣務室

梯廳
客人穿鞋區

金庫

體適能訓練室

無障礙廁所　客廁

乾糧室　化妝室

玄關

置鞋衣帽區　登山用品收納室　造型化妝室　客浴

蒸氣淋浴

緩緩廊道

早餐區　大型藝品展示　會客廳　圖書室　主臥室　更衣室　主浴室

陽台

A ♦ 迎賓意象
拉長玄關動線，端景藝品結合景觀

B ♦ 動靜有序
緩緩廊道軸線，藝術品味感動心靈

C ♦ 明朗大器
貼心休憩機能，共享生活相互照應

D ♦ 典藏書香
圖書蒐藏展示，兒孫家人閒聚閱讀

E ♦ 隱室藏私
內嵌私人蒐藏，三五好友匯聚品嚐

U 型格局
青年豪宅平面配置要點平配解析

青年豪宅主人多為青年夫妻，還有 1-2 名正在就學的小孩。U 型豪宅三面臨路通風採光良好，將公共領域規劃在中央區域，可展現空間尺度的寬敞通透；對應小朋友都已經長大的青年豪宅，整體的居住配置重點放在公領域，滿足男女主人的社交需求。

A ◆ 內外呼應

B ◆ 好客氣度

C ◆ 平穩視覺

D ◆ 邀景伴眠

E ◆ 心之所向

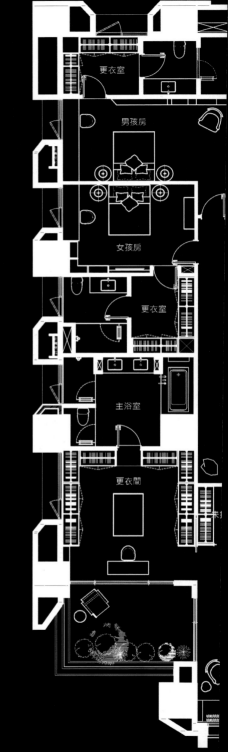

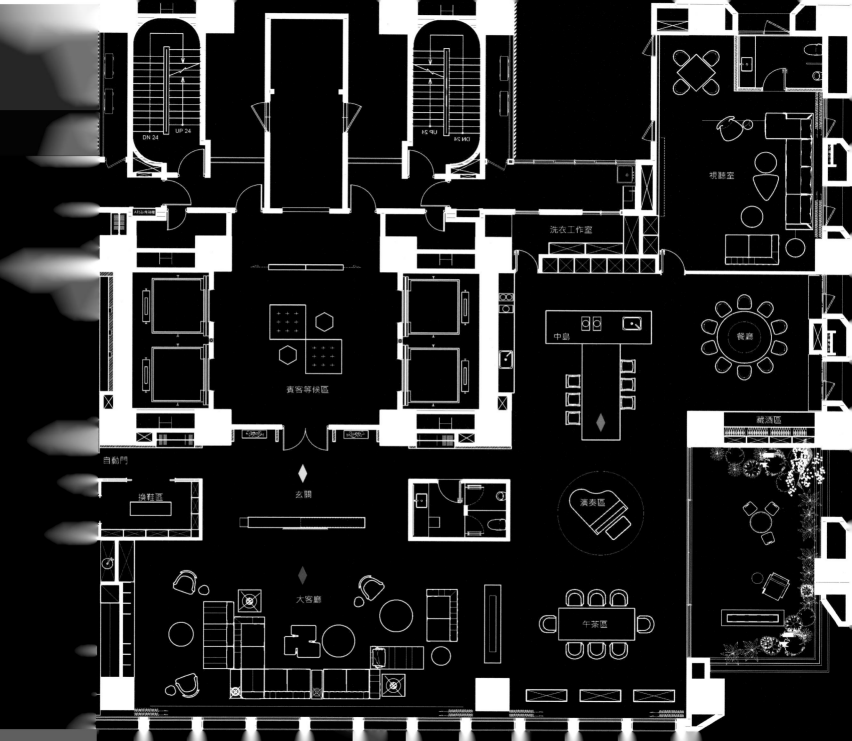

視聽室

洗衣工作室

DN 24 　 UP 24

UP 24 　 DN 24

ATS配電箱

中島

賓客等候區

餐廳

藏酒區

自動門

演奏區

換鞋區

玄關

大客廳

午茶區

A ◆ 內外呼應

虛實牆體環繞，景深層次加深放大

B ◆ 好客氣度

公私領域分開，內外活動互不干擾

C ◆ 平穩視覺

餐區軸線配置，彼此獨立放大空間

D ◆ 邀景伴眠

絕佳視野位置，引入綠意擁景入眠

E ◆ 心之所向

家庭核心區域，凝聚家人互動情感

豪宅

當代

要便

性為

U 型格局
壯年豪宅平面配置要點平配解析

壯年豪宅多為事業有成的夫妻，子女成婚後第三代孫子誕生後共同居住的家庭。U 型豪宅在規劃私領域空間時，往往須配置在左右兩側，較不容易將公私領域分開，對應壯年豪宅規劃重點在透過環繞型方式配置公私領域，讓三代之間保持和諧又獨立的關係。

A ♦ 行轉流動

B ♦ 開闊高雅

C ♦ 盡展廚趣

D ♦ 框景如畫

E ♦ 剛柔並濟

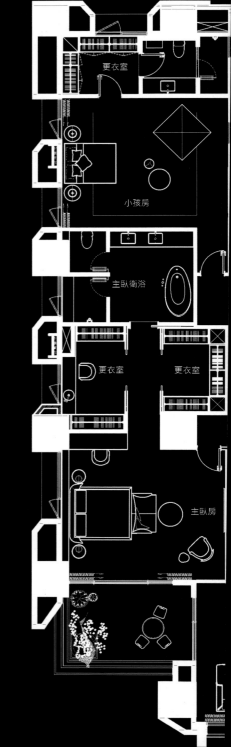

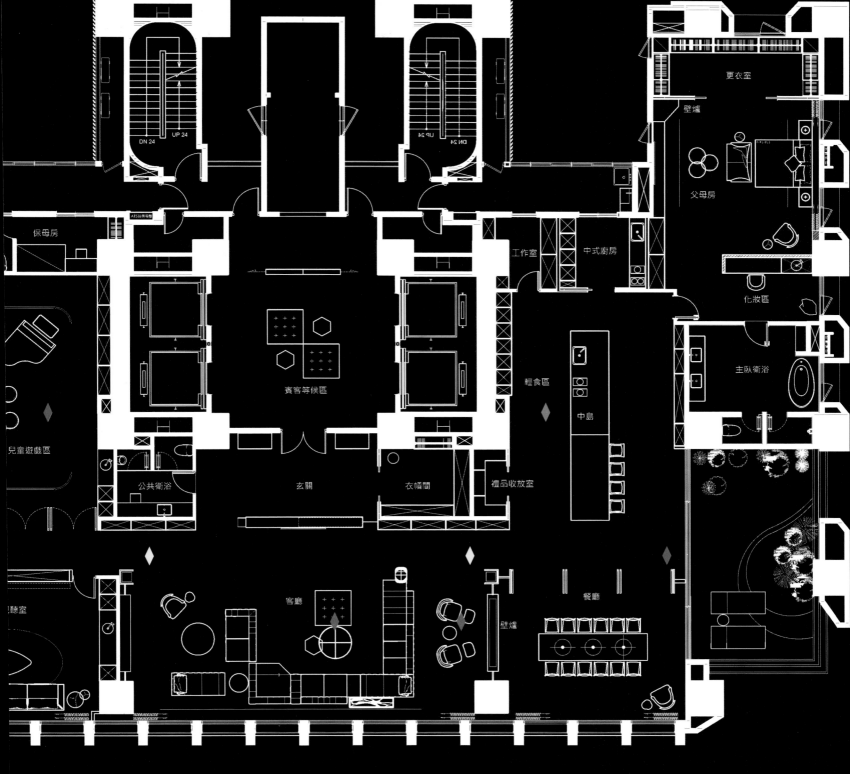

DN 24　UP 24

UP 24　DN 24

更衣室

壁爐

父母房

保母房

ATS台商電箱

工作室

中式廚房

化妝區

輕食區

主臥衛浴

兒童遊戲區

賓客等候區

中島

公共衛浴

玄關

衣帽間

禮品收放室

聽室

客廳

壁爐

餐廳

DN 24

A ◆ **行轉流動**

左右雙軸動線，引導公私行走動線

B ◆ **開闊高雅**

主副沙發擺放，促膝談心洋溢溫馨

C ◆ **盡展廚趣**

敞開廚房尺度，健康料理網路分享

D ◆ **框景如畫**

落地大景入宅，室內室外呵成一氣

設計豪宅時要能夠符合家庭成員的需求，讓使用者在居住的過程當中備受尊寵。

E ◆ **剛柔並濟**

獨立起居空間，家人專屬親密時光

平面配置要點平配解析

不少是已經將事業傳承給子女的退休夫
豪宅的屋主要將休閒興趣配置居家空間
牆體將公領域層次及景深拉大讓空間
接時常回家的子孫晚輩及老朋友。

開朗

共餐

獨立

品味

神閒

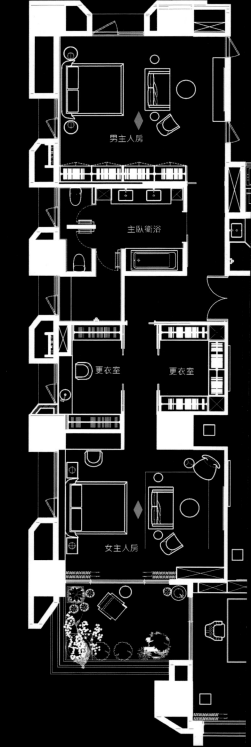

男主人房

主臥衛浴

更衣室 更衣室

女主人房

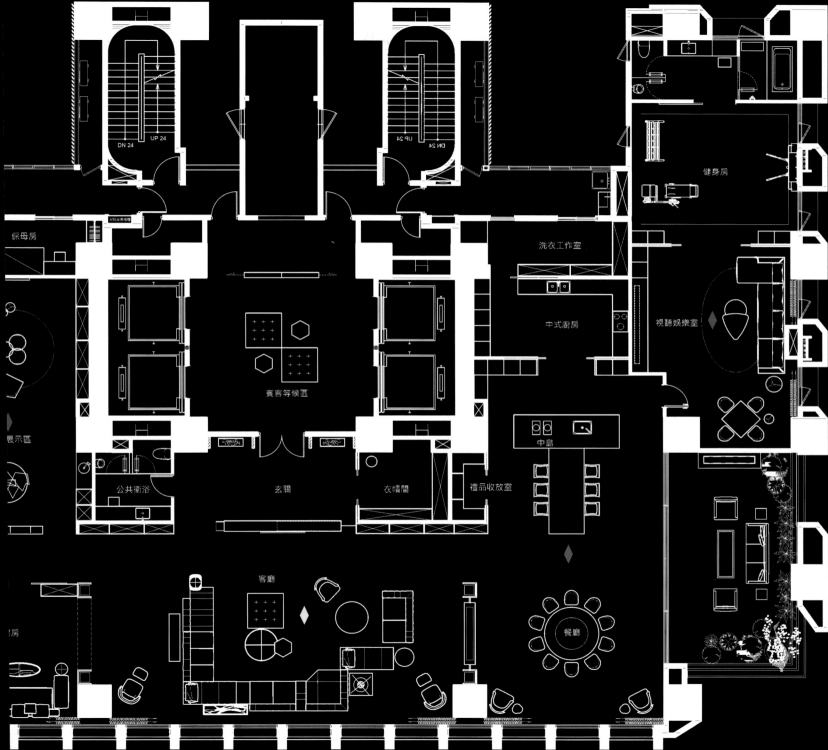

保母房

展示區

DN 24　UP 24

UP 24　DN 24

ATS沙發母桿

洗衣工作室

健身房

中式廚房

視聽娛樂室

賓客等候區

中島

公共衛浴

玄關

衣帽間

禮品收放室

客廳

餐廳

豪宅配置空間時房
要適度，要將尺度
誼空間。

A ◆ **豁然開朗**

迎接滿堂子孫，共度晚年天倫之樂

B ◆ **伴景共餐**

開窗引景入廳，西式餐廚輕食養生

C ◆ **親近獨立**

寢居各自獨立，共用衛浴更衣沐浴

D ◆ **盡展品味**

藝品蒐藏展示，坐擁珍品自在滿足

E ◆ **氣定神閒**

閒適悠遊居所，休閒娛樂會所形式

L 型格局
青年豪宅平面配置要點平配解析

青年豪宅主人多為夫妻及 1-2 名就學中的孩子，L 型空間能有漸進式的空間動線公領域與私領域能明確獨立，對應居住成員將配置重點放在公領域空間，創造父母與小孩之間親子聯繫的場域，同時讓小孩保有獨立的學習空間，主臥空間則給予獨立的更衣室，滿足大量衣物收納的需求。

A ◆ 先收後放

B ◆ 公私分明

C ◆ 進退皆宜

D ◆ 迴遊流轉

E ◆ 動靜有常

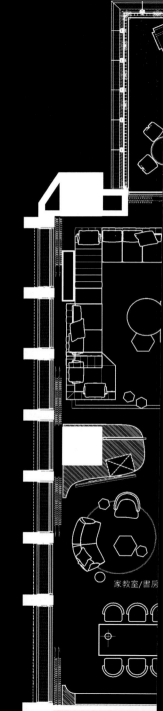

家教室/書房

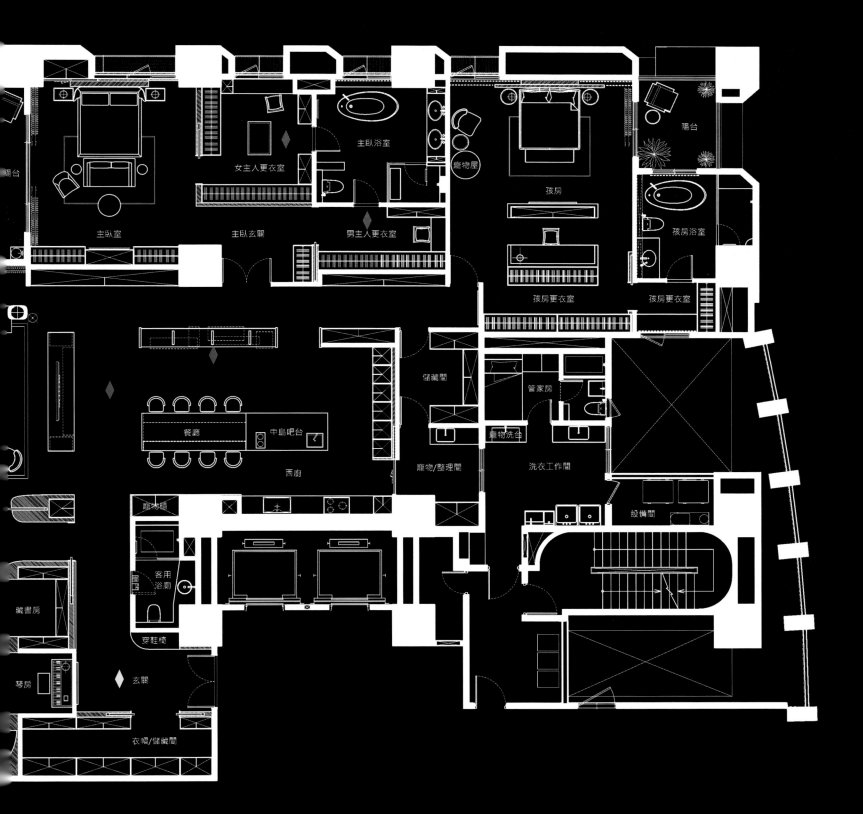

主臥浴室

女主人更衣室

寵物屋

陽台

孩房

主臥室

主臥玄關

男主人更衣室

孩房浴室

孩房更衣室

孩房更衣室

儲藏間

管家房

餐廳

中島吧台

寵物洗台

洗衣工作間

西廚

寵物/整理間

設備間

寵物櫃

客用浴廁

藏書房

穿鞋椅

琴房

玄關

衣帽/儲藏間

陽台

A ◆ **先收後放**

入口玄關轉折，放大開放公共空間

B ◆ **公私分明**

開展客餐廚房，明確分隔公私領域

C ◆ **進退皆宜**

靈活公共隔間，私密獨立和諧共存

D ◆ **迴遊流轉**

島區匯聚交流，廊道收納隱蔽臥房

E ◆ **動靜有常**

更衣各自獨立，串聯動線自在遊走

L 型格局
壯年豪宅平面配置要點平配解析

壯年豪宅主人也有可能是有 1-2 位學齡前小孩的夫妻與長輩同住，L 型空間因應三代同堂不同年齡層的居住需求，需要照顧老人的也要照護小孩，空間配置重點在讓家庭成員各自有完整獨立的使用空間，利用 L 型較長過道動線設計實用功能，創造讓家人能親密共處的交會區域。

A ♦ 轉折隱室

B ♦ 動靜平衡

C ♦ 體貼至上

D ♦ 熙熙融融

E ♦ 預約未來

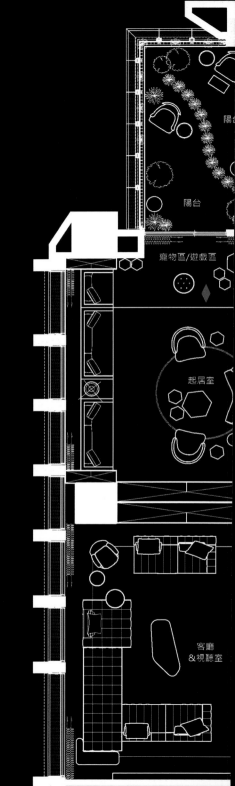

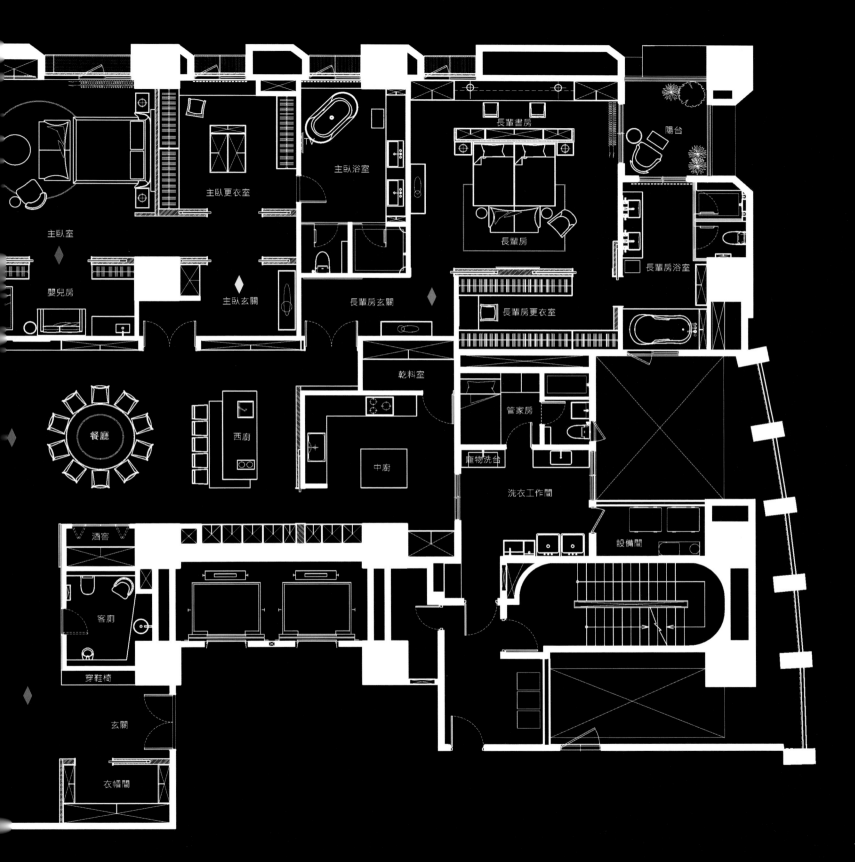

主臥室

嬰兒房

主臥更衣室

主臥浴室

主臥玄關

長輩書房

陽台

長輩房

長輩房浴室

長輩房玄關

長輩房更衣室

餐廳

西廚

中廚

乾料室

管家房

寵物洗台

洗衣工作間

設備間

酒窖

客廁

穿鞋椅

玄關

衣帽間

A ◆ 轉折隱室

臥房獨立玄關，轉折動線高度隱私

B ◆ 動靜平衡

主牆引導動線，公私領域互不干擾

C ◆ 體貼至上

通用設計思維，寬幅通道樂齡套房

D ◆ 熙熙融融

親子共處空間，鄰近客廳互動自在

E ◆ 預約未來

長遠設計思考，依循成員需求調整

L 型格局
熟年豪宅平面配置要點平配解析

熟年豪宅主人則為退休或準備退休的夫妻，兩人都有自己的生活方式，空間上要創造能彼此互相照應的生活來規劃，對應 L 型空間在較寬敞轉角部分依需求隨性發揮，讓熟年的興趣、社交活動可以獨立分開也能靈活應用。

A ♦ 進轉悠遊

B ♦ 簡約放大

C ♦ 自在想像

D ♦ 聚精匯氣

E ♦ 和諧共處

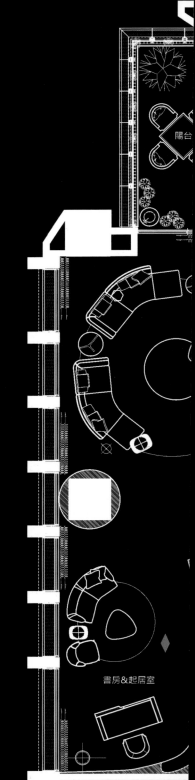

陽台

書房&起居室

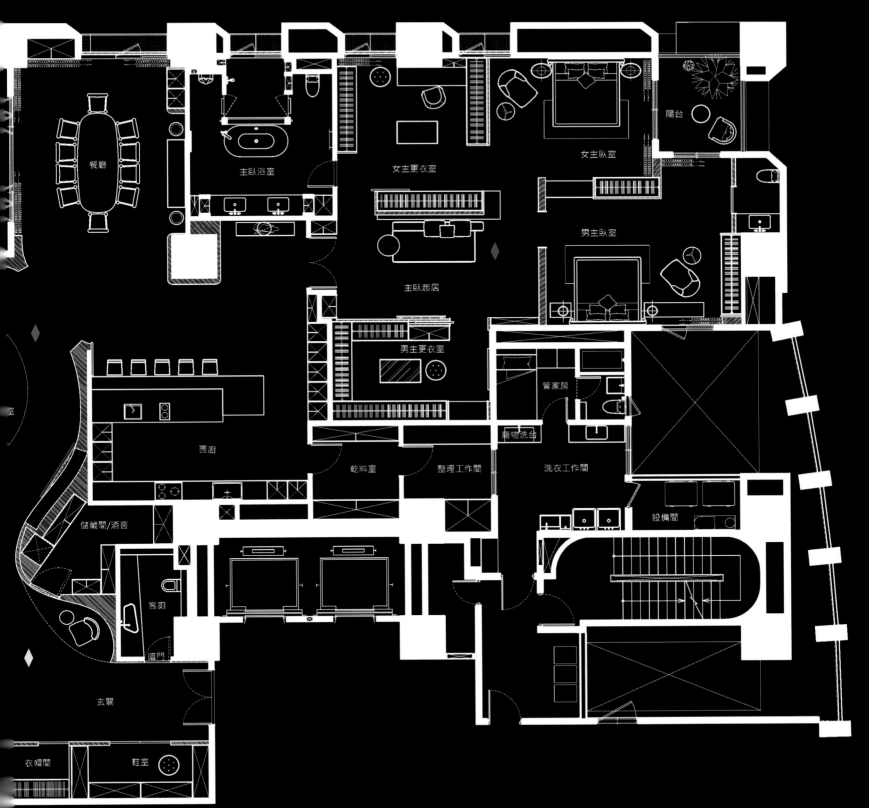

餐廳

主臥浴室

女主更衣室

女主臥室

陽台

男主臥室

主臥起居

男主更衣室

管家房

西廚

乾料室

寵物洗台

整理工作間

洗衣工作間

設備間

儲藏間/酒窖

客廁

暗門

玄關

衣帽間

鞋室

A ♦ 進轉悠遊

流線開放過道，沉澱身心自在漫步

B ♦ 簡約放大

弧形隔間設計，連結場域創造趣味

C ♦ 自在想像

延伸綠意景色，盡享悠然休閒生活

D ♦ 聚精匯氣

流露獨到品味，蒐藏展示潛心靜思

E ♦ 和諧共處

主臥機能獨立，共有空間彼此照應

豪宅的簡約不是捨棄物質，而是更輕鬆、更舒適、更有深度的生活。

回字型格局
青年豪宅平面配置要點平配解析

青年豪宅居住成員主要為一對夫妻和 1～2 名就學中的小孩。回字型空間的特性是較容易保持空間高流動性，因此不需運用過多形式區分公私領域，對應到居住成員單純的青年豪宅，配置空間關係時宜簡單純粹，使公共空間創造舒適開闊的感受。

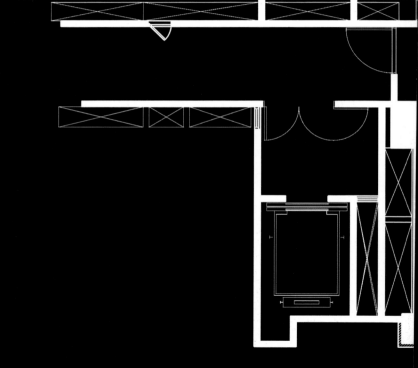

A ♦ 引光納景

B ♦ 氣派洗鍊

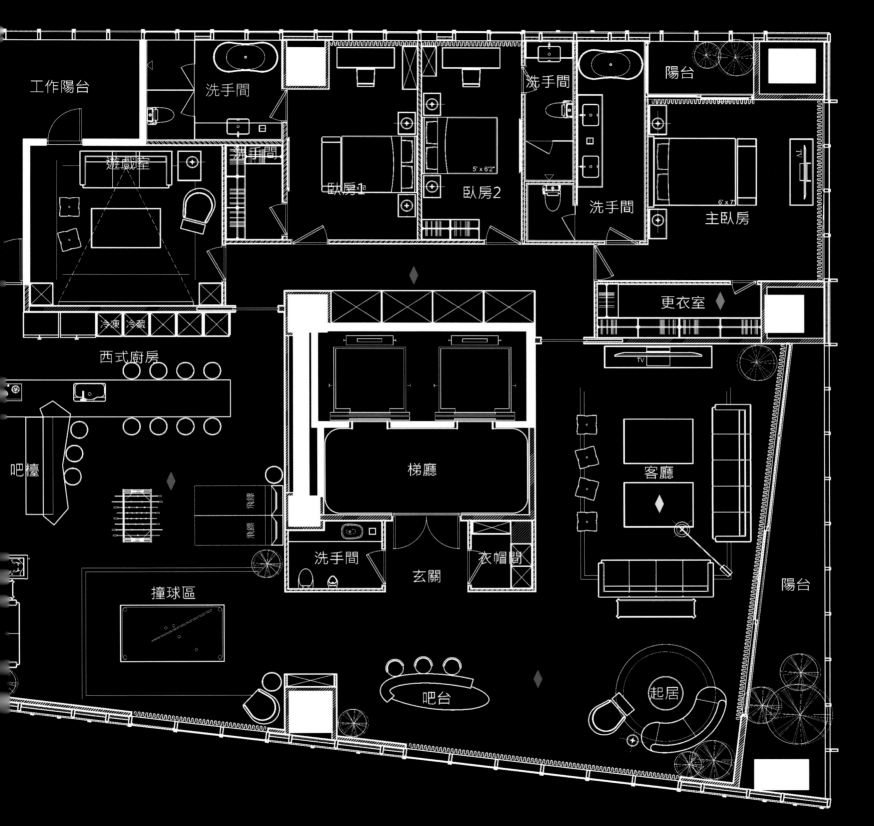

工作陽台

洗手間

遊戲室

洗手間

臥房1

臥房2

5' x 6'2"

洗手間

洗手間

陽台

主臥房

6' x 7'

冷凍 冷藏

更衣室

西式廚房

梯廳

客廳

吧檯

TV

飛鏢

飛鏢

洗手間

玄關

衣帽間

撞球區

吧台

起居

陽台

A ♦ 引光納景

大面落地開窗，提升空間溫度層次

B ♦ 氣派洗鍊

親友歡聚交流，專屬場域歡樂滿載

C ♦ 條理有序

因應場合需求，衣物收納分門別類

D ♦ 自由自在

界線公私分明，簡約動線圍塑隱私

E ♦ 宜動宜靜

複合功能場域，因應習慣各取所需

格局
宅平面配置要點平配解析

住成員也常見夫婦與 1-2 名已成年或即將
孩子同住，因此以開放流動的動線來創造
生活，並共享住宅空間的公共配置，來回
的居住背景。同時考量到壯年夫婦與孩子
使餐廳與廚房空間比例放大。

放自如

外呼應

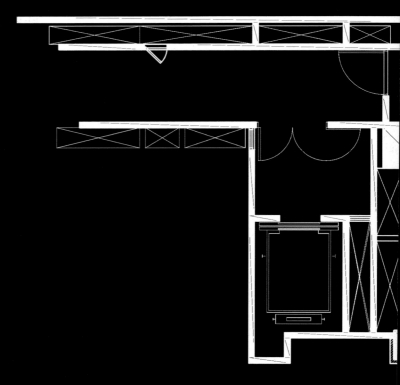

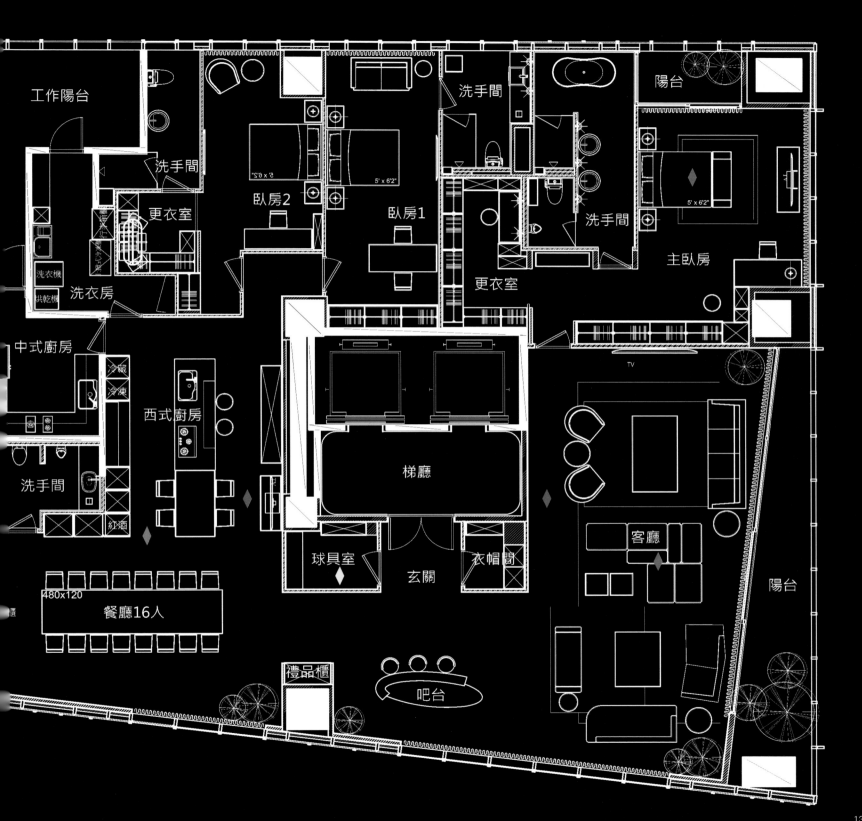

工作陽台

洗手間

更衣室

洗衣機

烘乾機

洗衣房

中式廚房

冷藏

冷凍

西式廚房

洗手間

紅酒

臥房2

5' x 6'2"

洗手間

臥房1

洗手間

更衣室

主臥房

陽台

5' x 6'2"

TV

梯廳

客廳

球具室

玄關

衣帽間

陽台

480x120

餐廳16人

禮品櫃

吧台

A ♦ 收放自如
因應休閒嗜好，量身規劃收納需求

B ♦ 內外呼應
開放客廳空間，連結戶外廣闊視野

C ♦ 真摯款待
展開餐廚尺度，熱情好客盡展廚藝

D ♦ 擁抱景色
大窗框入景觀，面窗而眠放鬆身心

E ♦ 恬適共處
動線歸納空間，共居生活各有領域

壯年豪宅以世代同堂的核心家庭概念來配置，
讓子媳兒孫保有獨立的責任空間。

回字型格局
熟年豪宅平面配置要點平配解析

熟年豪宅居住成員多為已退休的夫婦，彼此有各自的興趣及習慣，追求簡單愜意的居家生活。回字熟年豪宅配置重點放在寢室的部分，採用雙主臥設計，規劃上盡量讓視野放大；衛浴空間設計兩個出入口，讓男女主臥都可以方便進出，並刻意保留大開窗讓室內被戶外自然環境圍繞，夫妻倆可以一同沐浴，享受放鬆氛圍。

A ◆ 盡展視野

B ◆ 心之所向

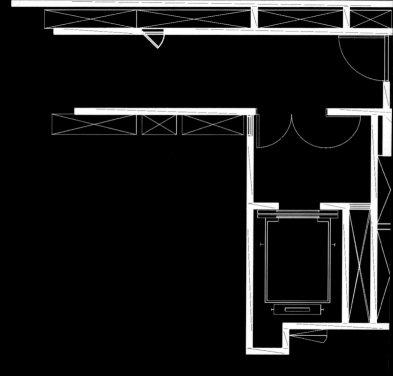

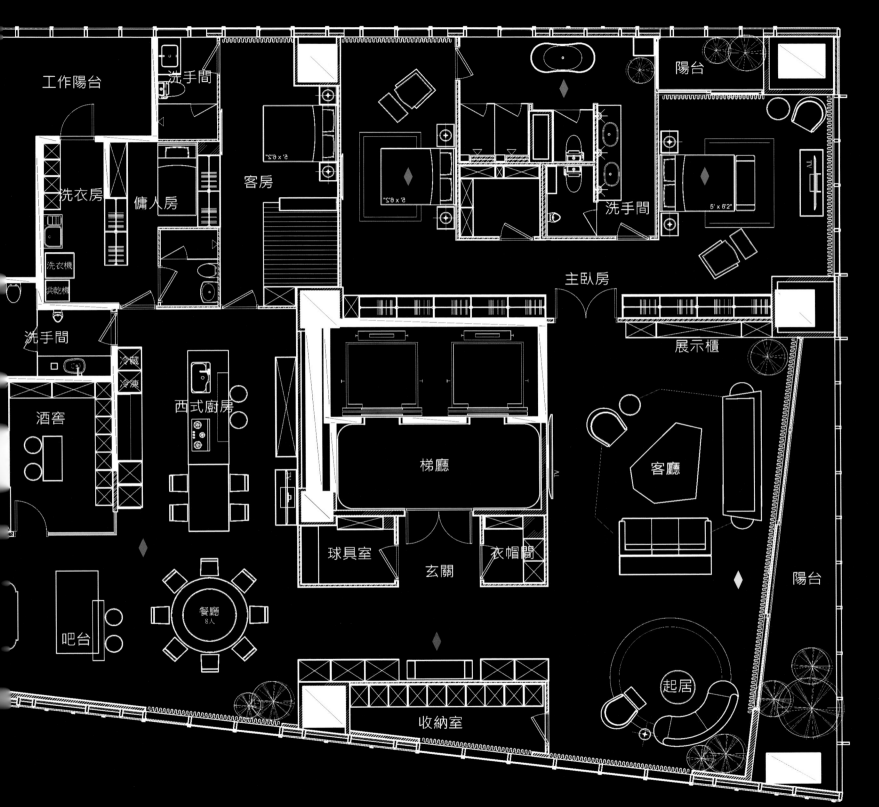

工作陽台

洗手間

客房

陽台

洗衣房

備人房

洗手間

主臥房

洗手間

展示櫃

酒窖

冷藏
冷凍

西式廚房

梯廳

客廳

球具室

衣帽間

玄關

餐廳
8人

吧台

收納室

起居

陽台

A ♦ **盡展視野**

連結陽台景觀，延伸綠意內外流動

B ♦ **心之所向**

獨立雙邊主臥，夫妻睡眠保有品質

C ♦ **轉折有序**

樂齡動線設計，雙向入口使用便利

D ♦ **引伴相聚**

複合餐廚規劃，互動熱絡賓主盡歡

E ♦ **因勢順導**

置入玄關端景，引導視歸納覺動線

心豪宅絕對不是從豪華極致的裝修來

定義，而是在居住過程中讓人感到無比

貼心的設計。

複層格局
青年豪宅平面配置要點平配解析

複層青年豪宅家庭成員背景設定為一對年約 40 歲的夫妻及 2 個學齡小孩。複層豪宅優勢在於可將公領域及私領域分層配置，使用者能保有較獨立不受直接干擾的隱密性、自在感，因此在為有社交需求的青年豪宅規劃時，著重在公領域的獨立性及廚房的機能性。

A ◆　間見層出

B ◆　氣宇非凡

C ◆　動靜皆宜

D ◆　規旋矩折

E ◆　心之所向

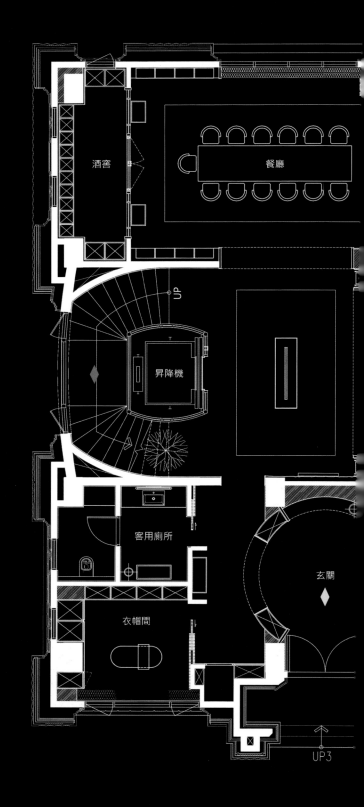

酒窖

餐廳

UP

昇降機

客用廁所

衣帽間

玄關

UP 3

輕食區

熱炒區

男孩房

浴室

女孩房

更衣室

客廳

更衣室

昇降機

起居室

浴室

DN

更衣室

起居室

主臥室

主浴室

A ◆ 間見層出

入口中心玄關，雙向動線連結機能

B ◆ 氣宇非凡

大宅氣勢樓梯，開放梯間串連層次

C ◆ 動靜皆宜

靈活機能結合，連結餐廚開闊空間

D ◆ 規旋矩折

主臥玄關間隔，動線轉折保有隱私

E ◆ 心之所向

起居中心區域，家人同樂休閒空間

複層格局
壯年豪宅平面配置要點平配解析

複層壯年豪宅家庭成員背景設定為企業老闆三代同堂，兒子已成家立業並有一個學齡前的小孩。由於三代居住人數較多，因此利用上下樓層動線的規劃，保留各自的生活私密性同時顧及家人親密和諧關係。

A ♦ 流轉動靜

B ♦ 低調沉靜

C ♦ 大器風範

D ♦ 敞心邀客

E ♦ 動靜有法

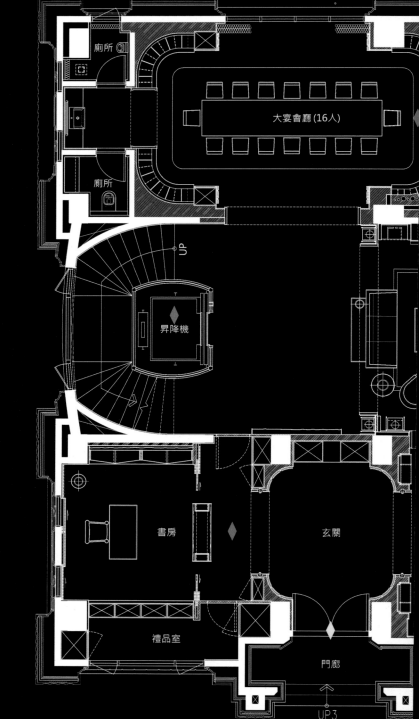

廁所

大宴會廳(16人)

廁所

昇降機

書房

玄關

禮品室

門廊

UP 3

廚房

衣帽間

浴室

更衣室

嬰兒房

主臥室

昇降機

起居區

DN

更衣室

更衣室

母親房

浴室

主浴室

一樓　　二樓

143

A ◆ 流轉動靜

[進]入門層次，進轉之間沉潛心情

B ◆ 低調沉靜

[退]縮廊道區塊，隱暗書房不受干擾

C ◆ 大器風範

[訂]製透明電梯，精緻寶盒專屬奢華

D ◆ 敞心邀客

[敞]開餐廚尺度，中西合併著重收納

E ◆ 動靜有法

[中]軸左右配置，機能考量使用獨立

[配]置壯年豪宅思考的層面比較廣，特別

[考]慮到小孩和長輩照顧需求。

複層格局
熟年豪宅平面配置要點平配解析

複層熟年豪宅家庭成員背景設定為已退休的企業老闆夫妻。利用複層空間的特性，將公私領域分層配置，公領域以退休生活為規劃概念，為夫妻倆人配置專屬休閒娛樂空間，上方整層為男女主人寢居樓層，依各自興趣規劃沈澱養心的私人空間。

A ◆ 同好為樂

B ◆ 深藏淺露

C ◆ 怡然得樂

D ◆ 心靈之居

E ◆ 解放身心

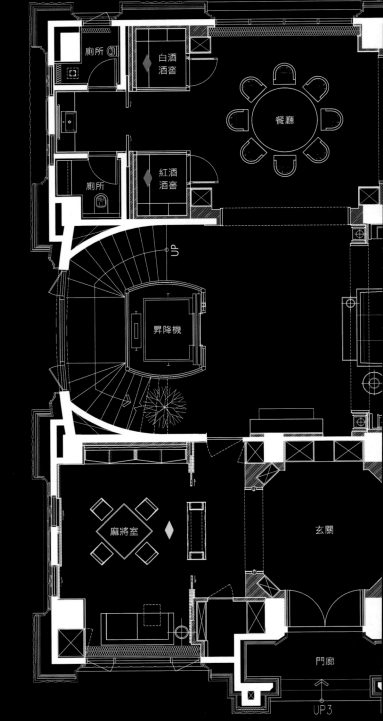

廁所

白酒
酒窖

餐廳

廁所

紅酒
酒窖

UP

昇降機

麻將室

玄關

門廊

UP 3

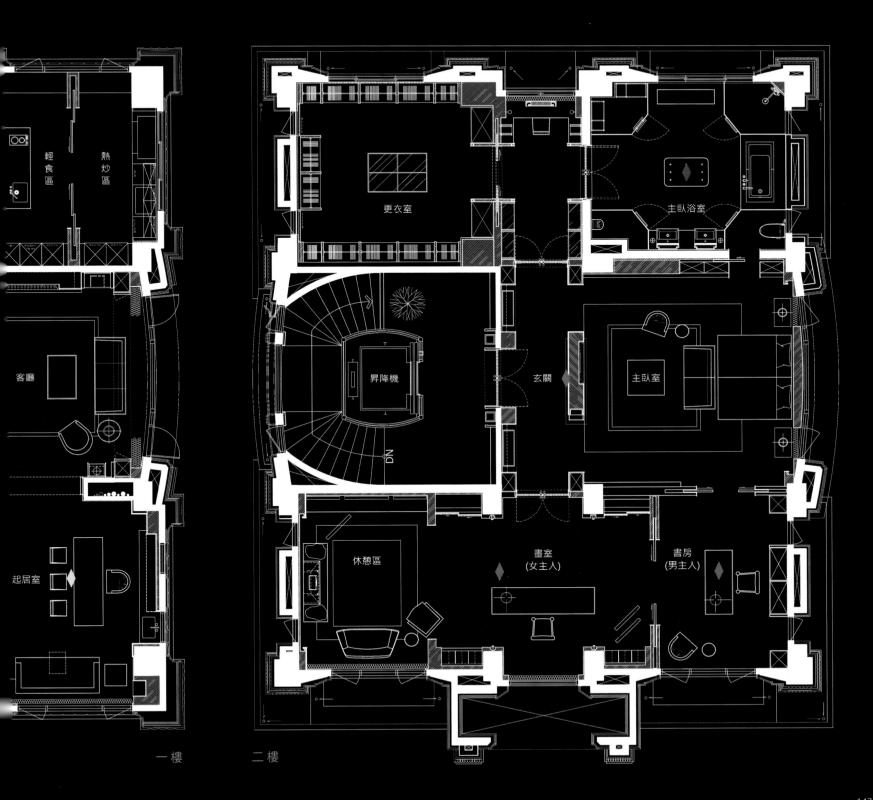

輕食區

熱炒區

客廳

起居室

更衣室

主臥浴室

昇降機

玄關

主臥室

DN

休憩區

書室
(女主人)

書房
(男主人)

一樓　　　二樓

A ♦ 同好為樂

盡享退休生活，麻將泡茶各自一方

B ♦ 深藏淺露

穿透玻璃酒窖，展示蒐藏雕琢品味

C ♦ 怡然得樂

主臥入口玄關，回向動線悠遊自得

D ♦ 心靈之居

絕對私密空間，專屬場域互不打擾

E ♦ 解放身心

使用機能細分，沐浴盥洗便利舒適

當外在環境滿足後，動線、比例、光線都能給人安全舒適的感受就會是一個好的豪宅空間。

豪宅學 -V.1 平配剖析學 張清平著 .
-- 初版 . -- 臺北市：麥浩斯出版：
家庭傳媒城邦分公司發行，
2020.06　　冊；　公分 . --
ISBN ISBN 978-986-408-580-4
（全套：精裝）
1. 房屋建築 2. 空間設計 3. 室內設計
441.5　　　　　　109000726

Designer 39
豪宅學 V.1 平配剖析學

作者	張清平
監製	林曼玲
特助	李鼎慧
藝術顧問	王玉齡
協力製作	天坊室內計劃有限公司
協力編輯	胡明杰、潘瑞琦、唐至俐、廖賀嬪、杜素媚、葉俊二、謝佳妏、張家榆、唐嘉男
企劃編輯	張麗寶
文字編輯	陳佳歆
封面設計	白淑貞
美術設計	鄭若誼
	詹淑娟
版權專員	吳怡萱
行銷企劃	李翊綾
	張瑋秦
發行人	何飛鵬
總經理	李淑霞
社長	林孟葦
總編輯	張麗寶
副總編輯	楊宜倩
叢書主編	許嘉芬
出 版	城邦文化事業股份有限公司麥浩斯出版
地 址	104 台北市中山區民生東路二段 141 號 8 樓
電 話	02-2500-7578
E m a i l	cs@myhomelife.com.tw
發 行	英屬蓋曼群島商家庭傳媒股份有限公司城邦分公司
地 址	104 台北市中山區民生東路二段 141 號 2 樓
讀者服務專線	0800-020-2999（週一至週五上午 09:30 ～ 12:00；下午 13:30 ～ 17:00）
讀者服務傳真	02-2517-0999
讀者服務信箱	cs@cite.com.tw
劃撥帳號	1983-3516
劃撥戶名	英屬蓋曼群島商家庭傳媒股份有限公司城邦分公司
香港發行	城邦（香港）出版集團有限公司
地址	香港灣仔駱克道 193 號東超商業中心 1 樓
電話	852-2508-6231
傳真	852-2578-9337
新馬發行	城邦（新馬）出版集團 Cite（M）Sdn. Bhd.（458372 U）
地 址	41, Jalan Radin Anum, Bandar Baru Sri Petaling, 57000 Kuala Lumpur, Malaysia.
電 話	603-9056-3833
傳 真	603-9057-6622
總經銷	聯合發行股份有限公司
電 話	02-2917-8022
傳 真	02-2915-6275
製版印刷	凱林彩印事業股份有限公司
版 次	2020 年 6 月初版一刷
定 價	新台幣 2800 元

Printed in Taiwan